# సుజలాం.. సుఫలాం

సమకాలీన నీటి సమస్యలు - సవాళ్ళ అవలోకనం

కె.బి. ధర్మప్రకాశ్

notionpress.com

INDIA • SINGAPORE • MALAYSIA

## Notion Press Media Pvt Ltd

No. 50, Chettiyar Agaram Main Road
Vanagaram, Chennai, Tamil Nadu – 600 095

First Published by Notion Press 2021
Copyright © K.B. Dharma Prakash 2021
All Rights Reserved.

ISBN  978-1-68563-999-0

అంకితం

ఓనమాలు దిద్దించిన నా ప్రథమ గురువు శ్రీమతి బి. మాణిక్యమ్మ మేడం గారికి

# ముందుమాట

డా॥ ఇ.ఆర్. సుబ్రహ్మణ్యం.
విశ్రాంత ప్రధానాచార్యులు,
ఎస్.కె.బి. పిజీ కళాశాల,
అమలాపురం, తూర్పు గోదావరి జిల్లా

‘సుజలాం.. సుఫలాం..’ పేరుతో తన 150 పేజీల పుస్తకం ద్వారా ప్రస్తుత ప్రపంచం ఎదుర్కొంటున్న ‘నీటి సంక్షోభం’కు సంబంధించి ఎంతో విలువైన సమాచారాన్ని అందించిన మిత్రులు కె.బి. ధర్మప్రకాశ్ గారి కృషి బహుదా ప్రశంసనీయం. ప్రకృతిలోని ప్రతిప్రాణికి జీవనాధారమైన నీరు సంక్షోభంలో చిక్కుకోడానికి దారితీస్తున్న పరిస్థితులను ముఖ్యంగా మానవ తప్పిదాలను గణాంకాలు, ఆధారాలతో సహా విశ్లేషణాత్మకంగా, సామాన్య పాఠకులకు కూడా అర్థమయ్యేలా సరళమైన తెలుగుభాషలో రచయిత చక్కగా వివరించారు. మొత్తం 36 అంశాలుగా, నీటికి సంబంధించి సమగ్రమైన ప్రాథమిక సమాచారాన్ని అందించడం ద్వారా ప్రజల్లో నీటి కాలుష్యం గురించి, జలవనరులను రక్షించుకోవాల్సిన బాధ్యత గురించి అవగాహన కల్పించారు. జలసంరక్షణ మన సంరక్షణే అంటూ జలవనరులను కాపాడుకోవడంలో ప్రజలందర్నీ భాగస్వాములను చేశారు.

జనాభా పెరుగుదలతోపాటు ప్రకృతి వనరులమీద ఒత్తిడి పెరుగుతోంది. పారిశుద్ధ్యం లోపిస్తుంది. పర్యావరణ కాలుష్యం పెరుగుతోంది. పట్టణీకరణ, పారిశ్రామికీకరణ పెరగడంతో అన్ని దేశాలు వ్యర్థ పదార్థాలను నదుల్లోకి, సముద్రాల్లోకి, ఇతర జలాశయాల్లోకి నెట్టివేస్తున్నాయి. దీని వల్ల జలకాలుష్యం పెరుగుతోంది. ఫలితంగా జలప్రాణుల సంఖ్య తగ్గిపోవడంతోపాటు సముద్రం నుంచి లభించే ఆహారం నాణ్యత, పరిమాణం తగ్గిపోవడం కూడా జరుగుతోంది. జలకాలుష్యం వల్ల చెరువుల్లో, సరస్సుల్లో ఫాస్ఫరస్, నైట్రోజన్ వంటి పోషకాలు పెరిగి ‘యూట్రోసికేషన్’కు దారి తీస్తున్నాయి. మనదేశంలో గంగ, కృష్ణ, గోదావరి వంటి ప్రధాన నదులన్నీ విపరీతమైన కాలుష్యానికి గురవుతున్నాయి. కలుషితమైన నీరు త్రాగడం వల్ల ప్రజారోగ్యం ప్రమాదంలో పడుతోంది. పట్టణమురుగునీటిని,

పారిశ్రామిక మురుగునీటిని ఏమాత్రం శుద్ధి చేయకుండానే నదులు, కాల్వల్లోకి విడిచిపెడుతున్నారు. భూగర్భజలాల్లో, త్రాగునీటిలో బాక్టీరియా, వైరస్, ఫంగస్‌లతో పాటు లెడ్, కాపర్, నికెల్ వంటి భారీలోహాలతో నీరు కలుషితం అవుతోంది. ఇక చాలా జిల్లాల్లో ఫ్లోరోసిస్ సమస్య ఉండనే ఉంది.

నీటి చుట్టూ ఉన్న ఈ ప్రధాన సమస్యలన్నింటినీ రచయిత ధర్మప్రకాశ్ తన పుస్తకంలో చక్కగా వివరించారు. ఆయా సమస్యలకు అనువైన పరిష్కారాలను కూడా సూచించారు. నదీజలాలు ప్రజలందరిసొత్తు అని చెబుతూ నీరు ప్రస్తుతం ఒక లాభసాటి వ్యాపార వస్తువుగా మారిపోయిందని, కుళాయిల ద్వారా ప్రభుత్వాలు సరఫరా చేసే నీటి నాణ్యతపై నమ్మకం లేకనే ప్రజలు వాటర్ బాటిల్స్, వాటర్‌కాన్స్‌లో నీటిని కొనుగోలు చేసే పరిస్థితి దాపురించిందన్న రచయిత ఆవేదన అర్థం చేసుకోవాల్సిందే. రాను రాను ఈ పరిస్థితి సామాజిక అశాంతికి దారితీయవచ్చునని ఒక హెచ్చరిక ప్రభుత్వాలకు కనువిప్పు కావాలి.

నీటి వినియోగంలో దుబారాను అరికట్టాలని, జలసంరక్షణ ప్రజాఉద్యమంగా రూపొందాలన్న రచయిత పిలుపు హర్షణీయం. 'నీటి ప్రతిజ్ఞ'తో పుస్తకాన్ని ముగించడం బాగుంది. ప్రకృతితో సామరస్యంగా జీవించడం నేర్చుకుందాం. అదే నేటి అవసరం. శాస్త్రీయ దృక్పథం ఆచరణీయం కావాలి. అందరూ చదవదగ్గ మంచి పుస్తకాన్ని అందించిన రచయిత ధర్మప్రకాశ్ గారికి విజ్ఞానాభివందనాలతో...

డా॥ ఇ.ఆర్. సుబ్రహ్మణ్యం

## నా మాట

### జలో రక్షతి రక్షితః

సమస్త ప్రాణకోటి మనుగడకు నీరు తప్పనిసరిగా అవసరం. ప్రాణుల కణాల్లో వేలాది రసాయన ప్రతిచర్యలు జరుగుతుంటాయి. ఇవి వేగంగా, సమర్థంగా జరగాలంటే రసాయనాలు ఏదో ఒకదాంట్లో కరగాల్సిన అవసరం ఉంది. ఇక్కడే నీరు ముఖ్యపాత్ర పోషిస్తుంది. ఇది సార్వత్రిక ద్రావణం. పదార్థాలను కరిగించుకోవడంలో దీన్ని మించింది లేదు. నీరు మాదిరిగా కరిగించుకనే శక్తి గల ఇతర పదార్థాలు ఉన్నప్పటికీ వాటికి నీరు లాంటి రసాయన స్థిరత్వం లేదు. గాఢమైన ఆమ్లాలను నిర్వీర్యం చేసే సామర్థ్యం లేదు కాబట్టే అన్ని ప్రాణులకు నీరే శరణ్యంగా మారింది. నీరే జీవం, నీరే జీవనం అంటుంటాము. అందుకే మహా నాగరికతలన్నీ నదుల తీరంలోనే పురుడు పోసుకున్నాయి. కేవలం త్రాగేందుకు కాదు వంటలకు, పంటలకు, స్నానాలకు, దుస్తులు ఉతుకుటకు అన్నింటికీ నీరే కావాలి. నీరు లేకపోతే ఒక్క రోజు కూడా గడవదు. అందువల్లే మనం నీటి సంరక్షణకు ప్రాధాన్యమివ్వాలి. అవసరాలు పెరిగిపోతూ వనరులు తగ్గిపోతున్న తరుణంలో ఇవి తక్షణావసరం.

మన భూమ్మీద ఉన్న 71 శాతం నీటిలో చాలావరకు ఉప్పునీరే. సుమారు 97 శాతం నీరు సముద్రాల్లోనే ఉంది. అంటే మంచినీరు కేవలం 3 శాతమే. ఈ మంచినీటిలో 70 శాతం నీరు హిమానీనదులు మంచుఖండాల రూపంలో ఉంది. మరో 29 శాతం భూగర్భంలో ఉంది. నదులు, చెరువుల్లో ఉండేది ఒక్క శాతమే. మన దాహం తీరడానికైనా, పంటలు పండించు కోవడానికైనా, వంటలు వండుకోవడానికైనా ఇదే ఆధారం. కొంతవరకు భూగర్భజలం కూడా ఆదుకుంటున్నది. అందుకే ఇంతటి అమృత తుల్యమైన నీటి వనరులను కాపాడుకోవాలి. ఈ సత్యాన్ని గ్రహించే మన పూర్వీకులు నీటి సంరక్షణకు ప్రత్యేక ప్రాధాన్యమిచ్చారు. ప్రాంతాల వనరులు, అవసరాన్ని బట్టి నీటి వనరుల సంరక్షణకు ఎన్నెన్నో పద్ధతులు, ప్రణాళికలు రూపొందించుకున్నారు. ఇవి పురాతనమైనవైనా ఇప్పటికీ ఉపయోగ పడుతున్నాయి. మామూలుగా కనిపించినా వీటి వెనుక శాస్త్రీయ

విజ్ఞానం, ఇంజనీరింగ్ నైపుణ్యం ఉంది. అలాంటి ప్రాచీన నీటి సంరక్షణ పద్ధతులకు ఆధునిక విజ్ఞానాన్ని జోడించి నీటి సంరక్షణకు పూనుకుంటే పుడమంతా అమృతతుల్యమవుతుంది. నీటిని ప్రాథమిక హక్కుగా గుర్తించి ప్రజలందరికీ అందజేయడం అనేది ప్రభుత్వ బాధ్యత. ఈ తరహాలోనే ప్రపంచంలో కోట్లాది మంది ప్రజలకు జీవనోపాధి కల్పించబడుతుంది. నీరు ప్రాథమిక హక్కు అని అనేక అంతర్జాతీయ వేదికలలో కూడా చర్చ జరిగింది. అలాగే చట్టాలు కూడా చేయబడ్డాయి.

దేశంలో ప్రజలందరికీ నీరు, పారిశుధ్యం, సేవలు అందించేలా ప్రభుత్వాలు కార్యాచరణ చేయాలి. నీటి యొక్క సామాజిక విలువను గుర్తించి బలోపేతం చేయాలి. నీరు అనేది ఉమ్మడి ఆస్థి. ప్రకృతి వనరు, ప్రజావస్తువు. దీనిపై ఆధిపత్యం ప్రజలకే ఉండాలి. ప్రజలకు నీటి భద్రత కల్పించబడాలి. స్థానిక ఉత్పత్తులకు, అవసరాలకు నీరు సమతుల్యంగా ఉండాలి. నీరు ఉమ్మడి ఆస్థి. ప్రజావస్తువు కాబట్టి దీని యాజమాన్య విజ్ఞానం, నైపుణ్యం కూడా ఉమ్మడి వనరులలో భాగమే అవుతుంది అనే ప్రకృతి పరిణామాల గురించి తెలుసుకోవాలనే ఆసక్తి జనవిజ్ఞాన వేదికలో క్రియాశీలక కార్యకర్తనయ్యాక కలిగింది. నిట్ వరంగల్ విశ్రాంత ఆచార్యులు ఎ. రామచంద్రయ్య గారి ప్రకృతి సూత్రాల పుస్తక అధ్యయనం శాస్త్రీయ దృక్పథం గూర్చిన వారి వ్యాసాలు, భోదనలు నాకు ఒక ప్రాథమిక వైజ్ఞానిక తార్కిక దృక్పథాన్ని అందించాయి. కాకతీయ యూనివర్సిటీ ఆచార్యులు వత్సవాయ సత్యనారాయణ రాజు గారితో నీటి సమస్యల గూర్చిన ఇష్టాగోష్టి చర్చలతో ఈ రంగంలో మరింతగా అధ్యయనం చేసే ఉత్సాహం కలిగింది. అలా ఈ వ్యాసాల సంపుటి మీ ముందుకొచ్చింది. జనవిజ్ఞానవేదిక, **AIPSN** నిర్వహించిన సెమినార్లు, కాన్ఫరెన్సులు, వర్క్‌షాపులలో వరంగల్ నిట్ ఆచార్యులు ప్రొ॥ కె. లక్ష్మారెడ్డి, ప్రొ॥ పాండురంగారావ్, ప్రొ॥ జయకుమార్, డా॥ బాబురావు, ఐఐసిటి శాస్త్రవేత్తల ఉపన్యాసాలు, నీటి సమస్యలు మానవ సమాజ అభివృద్ధికి ఎలా అడ్డుపడుతున్నాయో, వాటికి పరిష్కారాలెలా ఉండాలో కొంతమేర అవగతం అయినాయి. ఉస్మానియా యూనివర్సిటీ ఆచార్యులు ప్రొ॥ కె. సత్యప్రసాద్, ప్రొ॥ ఆదినారాయణ, ప్రొ॥ బియన్ రెడ్డి, ప్రొ॥ కోయా వెంకటేశ్వర్

రావు, శ్రీ ఎం.జె. అక్బర్ **IFS** , శ్రీ కె. పురుషోత్తం రిటైర్డ్ అటవీ అధికారి గారలతో చర్చలు, వారి బోధనలు పర్యావరణ సమస్యల గూర్చి లోతుగా అధ్యయనం చేసేందుకు తోడ్పడ్డాయి. వీరితో నా సహచర్యం, నా శిష్యరికం నా పర్యావరణ దృక్కోణాన్ని మరింతగా మెరుగుపరిచాయి. వీరందరికి సర్వదా నేను కృతజ్ఞుడ్ని. నిట్ ఆచార్యులు ప్రొ॥ ఆంజనేయులు, ప్రొ॥పి. రవికుమార్, డా॥ కాశినాథ్‌లు నా వ్యాసాలను మరింతగా మెరుగ్గా వ్రాసేందుకు సూచనలిస్తూనే రచనా వ్యాసాంగానికి తోడ్పాడునందించారు. అలాగే ఇగ్నైటెడ్ మైండ్స్, శాస్త్ర థింక్ టాంక్, వెల్‌విషర్స్ టీచర్స్, మైత్రివనం లాంటి సంస్థలలో చేసే బృందచర్చలు, ఔల్స్ (**OWLS**), వనసేవా సొసైటీ లాంటి పర్యావరణ సంస్థలతో నాకున్న అనుబంధం నాలో స్థైర్యాన్ని నింపుతున్నాయి. వీరందరికీ నా వినమ్ర ధన్యవాదములు. అలాగే ఈ **'సుజలాం.. సుఫలాం..'** సంకలనాన్ని చక్కగా డిటిపీ చేసిన మిత్రులు మార్గం శ్రీనివాసులు గారికి, ప్రచురించిన **వోషన్ ప్రెస్** సంస్థ వారికి ధన్యవాదములు. అంతర్జాల మూలాల (ఓపెన్‌సోర్స్) ద్వారా వ్యాసాలకనుగుణంగా చిత్రపటాలను సేకరించడం జరిగింది. వారందరికీ నా ధన్యవాదాలు.

వివిధ రూపాలలో వ్యక్తమౌతున్న నీటి సంక్షోభం, నీటి సమస్యలు, సవాళ్లు, పరిష్కారాలు గూర్చిన వివిధ అంశాలు ప్రజానీకానికి తెలియజెప్పే ప్రయత్నం ఈ పుస్తకంలోని వ్యాసాల ద్వారా చేసాను. వీటిలో నీటి సమస్యల ధోరణులు, వాటి ఫలితాలు, తీసుకోవాల్సిన పరిష్కారమార్గాలు కొంతమేరకు ప్రజలకు ఉపయుక్తమౌతాయని భావిస్తున్నాను. వివిధ వనరుల నుండి సేకరించిన సమాచారాన్ని పొందుపరచిన ఈ వ్యాస సంకలనం నీటి రంగానికి సంబంధించి మనం అర్థం చేసుకోవాల్సిన పరిస్థితిని కొంతమేరకు వివరిస్తుందని నేను విశ్వసిస్తున్నాను.

- కె.బి. ధర్మప్రకాశ్.
**kb.dharmaprakash@gmail.com**
**99897 32423**

# విషయ సూచిక

# 1. నీటి సమర్థ వినియోగం అత్యంతావశ్యకం

మనం త్రాగే నీరు జీవకోటికి ప్రకృతి ఉచితంగా ప్రసాదించిన వరం. కానీ నీరు ప్రస్తుత పరిస్థితులలో ఒక కీలక ఆదాయవనరుగా, లాభసాటి వ్యాపార సరకుగా కనబడుతున్నది. వాస్తవానికి వ్యక్తులు తమ ఆధీనంలోకి నీటి వనరులు బావులు, బోర్లలోని నీటిని ఇతరుల అవసరాలకు అమ్ముకొని సొమ్ముచేసుకోవచ్చు. అలా నీరు ఎప్పుడో ప్రైవేట్ ఆస్తిగా మారిపోయింది. ఈ నీటి మీద మనము ప్రభుత్వాలకు పన్ను కూడా చెల్లిస్తున్నాము. ఒక వ్యక్తికి చెందిన భూమిలోకి కురిసిన వర్షంతో ఆ నేలలోకి ఇంకే నీటిపై ఆయనకే సర్వహక్కులుంటాయి. అతడు ఆ నీటిని తన స్వంతానికి వాడుకోవచ్చు లేక ఇతరుల అవసరాల కోసం విక్రయించవచ్చు. దీని వల్ల పొరుగున ఉన్న భూముల కింద ఉండే నీటిపై ప్రతికూల ప్రభావం పడుతుంది. కానీ ఇది పట్టించుకోనవసరం లేదు. ప్రస్తుతం భారత్‌లో నడుస్తున్న విధానం ఇది.

కానీ అభివృద్ధి చెందిన దేశాలలో తమ భూగర్భజలాలను నిర్ణీత కోటా ప్రకారం ఉపయోగించుకోవాలి. వర్షాలు సరిపోను కురిసినపుడు ఒక విధంగా, వర్షాలు ఆశించినంతగా కురవనపుడు మరొకలా కోటాను నిర్ణయిస్తారు. ఈ నియమం ప్రభుత్వ భూములతో పాటు ప్రైవేటు భూములకు కూడా వర్తిస్తుంది.

**వ్యయానికి తగ్గట్టుగా కనబడని ప్రయోజనం:**

మన భారత్‌లో నదీజలాలు ప్రజలందరి సొత్తు. వ్యవసాయానికి, ఇంకా ప్రజావసరాల కోసం నదీజలాలను, భూగర్భజలాలను సరఫరా చేస్తారు. కానీ.. వర్షాభావ సమయంలో భూగర్భజలాలను అవసరాలకు మించి తోడేస్తున్నారు. ఇది ప్రజల ప్రయోజనాలకు విఘాతం కలిగిస్తున్నది.

ప్రస్తుతం ప్రజల వనరు అయిన నీటిని ఎనభై శాతం వ్యవసాయ అవసరాలకు, తొమ్మిది శాతాన్ని తాగునీటికి ఇతర గృహావసరాలకు, మిగిలిన నీటిని పారిశ్రామిక అవసరాలకు వాడుకుంటున్నాం. ఉపరితల నీటి వనరులు ప్రజల సొత్తు అయినప్పటికీ, ఆ నీటిని ప్రైవేటు వినియోగానికి అంటే ఆర్థిక లాభమే పరమావధిగా వినియోగిస్తున్నారు. ప్రజలకు ఆహార భద్రత కల్పించే రైతుల వినియోగం కోసం

నీటిని ఉచితంగా అందిస్తున్నారు. ఇది స్వాగతించాల్సిన విషయమే కానీ వ్యవసాయ దిగుబడుల విలువతో పోలిస్తే నీటి పారుదల ప్రాజెక్టుల నిర్మాణం, పొలాలకు నీటి సరఫరా, కాలువల నిర్వహణకు అయ్యే ఖర్చు చాలా ఎక్కువ. మంచి వర్షాలు కురిసినపుడు పంటలు బాగా పండినపుడు, వాటిని సేకరించనడానికి ప్రభుత్వాలు మరింతగా ఎక్కువ ఖర్చు చేస్తున్నది. అంటే రైతులకు నీటిని ఉచితంగా అందించడానికి, వారు పండించిన పంటను కొనుగోలు చేయడానికి పన్ను చెల్లింపుదారులపై అధిక భారం పడుతోందనేది ఒక వాదన నేడు వినిపిస్తున్నది. కాని రైతులకిస్తున్న నీటిలో నాణ్యత ఉందా? ఈ నీటివల్ల పంటల దిగుబడి ఆశించినంత మేరగా వస్తుందా? ఒకవేళ ఆ నీటిలో అధిక ఉప్పు సాంద్రత ఉంటే అది మొక్క తీసుకునే నీటి మొత్తాన్ని పరిమితం చేస్తుంది. ఫలితంగా మొక్కలపై అధిక ఒత్తిడి కలిగి పంట దిగుబడి తగ్గుతుంది. లోహాల అధిక సాంద్రత కూడా పంట ఉత్పత్తిపై ప్రతికూల ప్రభావం చూపుతుంది. వ్యవసాయం విజయవంతం కావడానికి నీటి నాణ్యత చాలా ముఖ్యమైనది. దేశీయ నీటి నాణ్యత ప్రమాణాలకు అనుగుణంగా, పర్యావరణ వ్యవస్థల సక్రమ నిర్వహణకు, ప్రజారోగ్యానికి సరైన వ్యవసాయ పద్ధతులు అవసరం. ఇందుకు వ్యవసాయం మరియు దేశీయ నీటి వినియోగం మధ్య సహకారం ఉండాలి. అందుకే నీటిని వ్యాపార సరుకుగా పరిగనించకుండా, శాస్త్రీయ నీటి యాజమాన్య పద్ధతుల నిర్వహణ ప్రస్తుత తక్షణ అవసరంగా అభ్యుదయవాదులు కోరుతున్నారు. మన ప్రభుత్వాలు కొళాయిల ద్వారా సరఫరా చేసే నీటిపై నమ్మకం లేక ప్రజలు వాటర్ బాటిల్స్, వాటర్ క్యాన్సలలో నీటిని కొనుగోలు చేస్తున్నారు. కాని ఈ నీటి శుద్ధి సరిగ్గా జరుగుతుందా అనేది మరో ప్రశ్న.

**దిగుబడికి ప్రాధాన్యత నివ్వాలి అలాగే రక్షిత త్రాగు నీటిని అందరికి ఇవ్వాలి:**

ఇప్పటికే భారత్‌లో పట్టణం, గ్రామం అనే తేడా లేకుండా ప్రజలు తాగునీటిని కొనుక్కునే అలవాటు పెరిగింది. రెండు తెలుగు రాష్ట్రాల్లో దినసరి తాగునీటి మార్కెట్ విలువ పదికోట్ల రూపాయలని అంచనా. ఈ లెక్కన ఏడాదికి నీటి మార్కెట్ విలువ రూ. 3600 కోట్లకుపైనే. వీటిలో ప్రజారోగ్యానికి కావాల్సిన నీటి నాణ్యత ఉందా అనేది అనుమానమే. ప్రభుత్వాలు వేల కోట్ల రూపాయల వ్యయంతో భారీనీటి

పారుదల ప్రాజెక్టులు నిర్మిస్తున్నారు. కానీ ఖర్చుకు తగ్గ ప్రతిఫలం రాబట్టేలా శాస్త్రీయ కార్యాచరణ చేయడం లేదు. ఎన్ని ఎకరాలకు నీరిచ్చామనేదాని కన్నా ఒక ఘనపు మీటరు నీటికి ఎంత దిగుబడి సాధించారనేదానికి ప్రాధాన్యమివ్వాలి. తాగునీటి సరఫరాలోను దుబారాను అరికట్టి ప్రతీఒక్కరికి రక్షిత మంచినీరు అందించాల్సిన భాద్యతను ప్రభుత్వాలు, పాలకులు విస్మరించకుండా ప్రజారోగ్య రక్షణకు పాటుపడాలి.

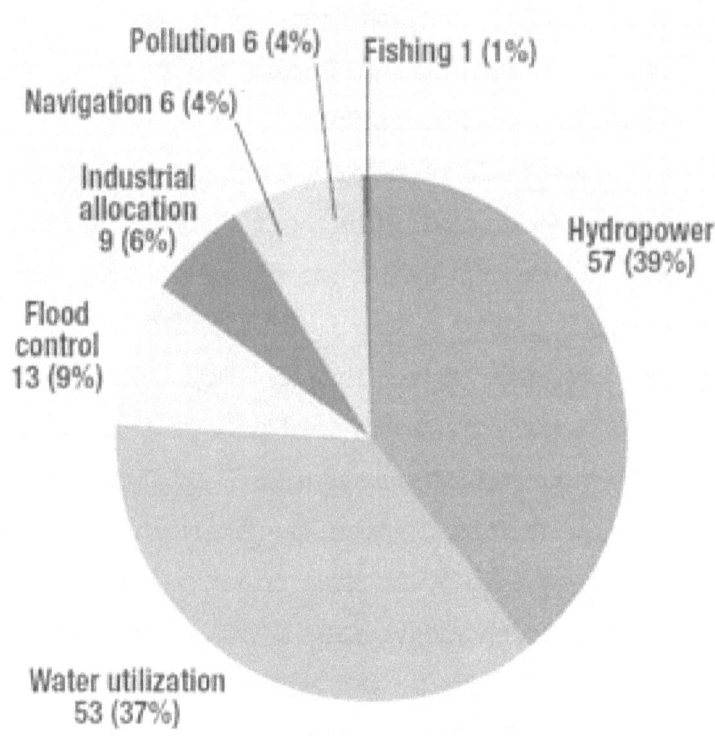

-0-0-

## 2. ప్రజా ఉద్యమంగా జల సంరక్షణ జరగాలి

సకల ప్రాణుల మనుగడకు, వ్యవసాయానికి, పారిశ్రామిక అవసరాలకు ప్రధాన అవసరం నీరు. వాతావరణ మార్పులు, భూతాపం, నీటి అతి వినియోగం, నదీప్రవాహాల తీరుతెన్నులు, అతివృష్టి. గతి తప్పుతున్న ఋతువులు, భూగర్భ జలమట్టాలు తగ్గడం, నీటి నాణ్యత లోపాలు లాంటి అంశాలను పరిగణలోకి తీసుకుంటే జలసంరక్షణ, నిర్వహణలో విప్లవాత్మక మార్పులు తీసుకురావడం ప్రస్తుత తక్షణ అవసరం. మనది వర్షాధార దేశం. వర్షపునీటిని సంరంక్షించుకోవాలి. లేదంటే భారత్ గడ్డపై జీవుల మనుగడ ప్రమాదంలో పడుతుంది. అందుకే మన కేంద్ర ప్రభుత్వం వాననీటి సేకరణ, సంరక్షణకు, జల వనరుల ప్రక్షాళనకు అత్యంత ప్రాధాన్యమిచ్చారు. ఇది స్వాగతించాల్సిన విషయం. జల సంరక్షణను ప్రజాఉ ద్యమంగా చేపడితే మంచి ఫలితాలు పొందవచ్చు.

దీని కోసం జలశక్తి అభియాన్‌ను కేంద్ర ప్రభుత్వం ప్రారంభించింది. ఇందులో మొదటి దశ కింద జులై- నవంబరు 2019 మధ్యలో మనదేశంలోని నీటి ఎద్దడి ఎదుర్కొంటున్న 256 జిల్లాల్లోని 1592 బ్యాంకుల్లో ఈ కార్యక్రమం చేపట్టారు. ఇక్కడ భూగర్భజలాన్ని మితిమీరి వాడడం వల్ల నీటి కొరత ఏర్పడింది.

నీటి సంరక్షణ:- వాన నీటి సేకరణ, చెరువులు, బావుల పునరుద్ధరణ, నీటి పునర్వినియోగం, జలవనరుల పునఃపూరణ, వాటర్‌షెడ్ అభివృద్ధి, భారీగా అడవుల పెంపకం లాంటి లక్ష్యాలు సాధనకోసం జలశక్తి అభిమాన్ దృష్టి పెడుతుంది. కేంద్ర ప్రభుత్వ అధికారులు, సాంకేతిక నిపుణులు ఈ ప్రాంతాలను సందర్శించారు. జిల్లా యంత్రాంగాన్ని అప్రమత్తం చేశారు. ప్రభుత్వ సంస్థలు, స్వచ్ఛంధ సేవా సంస్థలు, పంచాయితీలు, పౌరులకు నీటి సంరక్షణ ఆవశ్యకత గూర్చి అవగాహన కల్పించారు. దరిమిలా ఈ ప్రాంతాలలో 3.3. లక్షల వాన నీటి సంరక్షణ కట్టడాలు, వాటర్‌షెడ్ నిర్మాణాలు చేశారు. 16000 చెరువులు, బావులను పునరుద్ధరించి జల సంరక్షణ ప్రణాళికలు రూపొందించారు. ఇది అభినందించాల్సిన విషయం, అలాగే రెండో దశ జలశక్తి అభియాన్ (2019-2024) కింద జిల్లా రిమోట్ సెన్సింగ్ ఉపగ్రహాలు, గ్లోబల్ ఇన్ఫర్మేషన్ సిస్టం మ్యాపింగ్ సాంకేతికతల సహాయంతో జలవనరులను,

నీటి నిల్వ వసతులను గుర్తించి, మరిన్ని నిల్వ వసతులను నిర్మాణం చేయడం, మరమ్మతులు చేపట్టడం మొబైల్ యాప్ ద్వారా ఈ పనుల పురోగతి పర్యవేక్షించడం చేస్తారు. దీనికి సంబంధించిన పురోగతిని జిల్లా యంత్రాంగాలకు తెలిపేలా ప్రత్యేక పోర్టల్‌ను ప్రారంభించారు. ఇందుకోసం కేంద్ర, రాష్ట్ర ప్రభుత్వాలు వేర్వేరుగా చేపడుతున్న పథకాలను ఇకనుంచి ఆర్థిక, సాంకేతిక నిర్వహణ పరంగ సమన్వయం చేస్తారు. ఇందుకు సహాయక బృందాలు, యువజన సంఘాలు, స్థానిక సంస్థలు, పౌరసమాజం స్వచ్ఛంధంగా పాల్గొనాలి. అప్పుడే ఆశించిన ఫలితాలొస్తాయి.

2024 నాటికి అన్ని గ్రామీణ గృహాలకు పైపుల నీటి సరఫరాను అందించే లక్ష్యంతో కేంద్ర ప్రభుత్వం జలజీవన్ మిషన్‌ను ప్రారంభించింది. జలశక్తి అభియాన్, జలజీవన్ మిషన్ ఫలితాలను మరియు లక్ష్యాలను స్పష్టంగా మరియు సాధించగలిగే రీతిలో చెప్పాల్సిన అవసరం ఉంది. లక్ష్యాలు లేనప్పుడు, చేయవలసిన పని ఎంత ప్రాధాన్యత ఉన్నా ప్రాంతాలను నిర్ధారించలేకపోతే లక్ష్యాలపై దృష్టి పరిమితమవుతోంది. వాస్తవ పనీతీరును కొలిచేందుకు శాస్త్రీయంగా కొలమానాలుండాలి.

**మురుగు నీరు గూర్చిన ఆందోళన:**

వర్షపు నీరు మరియు వ్యర్థ జలాల పంపకం కోసం నిర్మాణాలను రూపొందించడంపై దృష్టి కేంద్రీకరించినప్పటికీ నియంత్రిత నీటి వినియోగం మరియు పొదుపు చర్యల కోసం విధాన చర్యలుండాలి. వాటర్ మీటర్లు, యూజర్ చార్జీల గూర్చిన ఆలోచనలు చేయాలి. గృహాలకు పైపుల నీటి సరఫరాతో గ్రామీణ ప్రాంతాల్లో నీటి వినియోగం పెరుగుతోంది. తద్వారా వ్యర్థం నీరు ఎక్కువగా ఉత్పత్తి అవుతుంది. నీటి వినియోగ సామర్ధ్యం, రీసైక్లింగ్ మరియు పునర్వినియోగాన్ని ప్రోత్సహించే నీటి విధానపరమైన పాలసీలు రూపొందిచాల్సిన అవసరం ఉంది. అలాగే ఆర్థిక సాధ్యత మరియు నీటి వినియోగాల యొక్క స్థిరత్వాన్ని కూడా నిర్ధారించాలి. కేంద్ర పొల్యూషన్ కంట్రోల్ బోర్డు వారి అంచనాల ప్రకారం మురుగునీటి ఉత్పత్తికి సంబంధించి, పట్టణ ప్రాంతాల్లో రోజుకు 135 లీటర్ల తలసరి నీరు సరఫరా చేస్తే అందులో నుండి 85 లీటర్ల తలసరి నీరు తిరిగి మురుగునీటి రూపంలో వెలుతుంది. సరియైన శుద్ధి ప్రణాళికలు వేస్తే ఈ మురుగునీటిని సమర్ధవంతంగా తిరిగి

వినియోగించుకోవచ్చు. వ్యర్థ జలాల రీసైక్లింగ్, పునర్వినియోగం మరియు పెరుగుతున్న జనాభాతో వ్యర్థజలాల శుద్ధి ద్వారా నీటి ఉత్పత్తిని పెంచడం ద్వారా ఈ నీటిని పారిశ్రామిక, పారిశ్రేమికేతర ప్రయోజనాల కోసం తిరిగి ఉపయోగించడం లాంటి ఆలోచనలు నీటి ఉత్పత్తి, సరఫరాకు కీలకమైన ప్రత్యామ్నాయంగా మారుతుంది. సాంప్రదాయక మరియు ఇతర నీటి పునర్నిర్మాణం ఒక క్లిష్టమైన దశ అయితే, నీటి వనరుల సమీపంలో ఆక్రమణలను నివారించడానికి మరియు తొలగించడానికి కఠినమైన పరిపాలన చర్యలు కూడా తీసుకోవాలి. భూ కబ్జా సంఘటనలను ఆపడానికి సుప్రీంకోర్టు ఆదేశాలున్నాయి. చట్టపరమైన నిబంధనలు కఠినంగా అమలు చేస్తేనే భూమిని తిరిగి పొందడానికి మరియు దానిని పునరుద్ధరించే చొరవ తీసుకోగలవీలవుతుంది. అవుడే ఇలాంటి కార్యక్రమాలు విజయవంతమవుతాయి.

భూగర్భజలాల వెలికితీత నివారణ ఎలా? :

మితిమీరిన భూగర్భజలాల వినియోగం నిరోధించబడనంతవరకు, జలశక్తి అభియాన్ విజయాన్ని సాధించలేదు. అలాగే భూగర్భజలాల రీచార్జ్ ప్రశంసనీయమైన చర్యగా చెప్పుకోవచ్చు, కానీ పరిమిత జలాశయంలోకి నీటిని వాస్తవంగా పంపడం అనేది చాలా సమయం తీసుకునే ప్రక్రియ. ఈ సందర్భంలో భూగర్భజలాల వెలికితీతను నియంత్రించే చర్యలు ఎంత ముఖ్యమో, రీచార్జ్ పనులు కూడా అంతే ముఖ్యం. భూగర్భజలాల దోపిడిని నియంత్రించడంలో మరియు నదీజలాల వినియోగం, నిర్వహణలో ప్రభావం చూపే రెండు బిల్లులు భూగర్భ జలాల నియంత్రణ మరియు నిర్వహణ 2016 మరియు జాతీయ నీటి ముసాయిదా బిల్లు 2016 ఇంకా అమలు కోసం నోచుకోలేదు. ఇవి త్వరలో అమలు కావాలని ఆశిద్దాం. పారిశ్రామిక మరియు సివిక్ సొసైటీ శుద్ధి చేయని వ్యర్థజలాలను అపరిమితంగా విడుదల చేస్తున్నందున ఉపరితల జలకాలుష్యం పెరిగిపోతున్నది. ఇదే తాగునీటి ప్రయోజనం కోసం భూగర్భజలాలపై ఎక్కువ ఆధారపడడానికి ఒక ప్రధానకారణమౌతున్నది. పరిశ్రమలు మరియు మున్సిపాలిటీల పర్యావరణ నిబంధనలకు లోబడి తప్పనిసరిగా పనిచేయాలి. కానీ పర్యావరణ చట్టాలు అమలుకు

చాలా తక్కువ ప్రాధాన్యత ఇస్తున్నారు. నీటి వనరులను విడుదల చేయడంలో చూపించే శ్రద్ధ మురుగునీరు, నీటి కాలుష్యాల సమస్యలను పరిష్కరించుకునేందుకు సానుకూల నిబంధనలు ఏర్పరచి సరిగ్గా అమలు చేస్తే, ఉపరితల నీటి కాలుష్యాన్ని గణనీయంగా తగ్గించొచ్చు. వాటర్‌షెడ్ అభివృద్ధి అనేది ఒక దీర్ఘకాలిక కార్యక్రమం శాస్త్రీయమైన మానవ ప్రయత్నాలు, సమయం, వనరుల కేటాయింపుతో సైట్ల గుర్తింపు, నిర్వహణకు సరైన సాంకేతిక అవగాహన అవసరం. అందుకే వర్షపునీటి యాజమాన్యం కోసం ఆయా ప్రాంతాలను బట్టి భిన్నమైన వ్యూహాలను అమలుచేయాలి.

అటవీ నిర్మూళనను ఆపాలి :

ఇది జలశక్తి అభియాన్ ఎజెండాలో ఉన్నప్పటికీ, దీనిని మరింత శ్రద్ధతో ముందుకు తీసుకెళ్లాలి. ఎందుకంటే అటవీ పరీవాహక ప్రాంతాలు దేశీయ, వ్యవసాయ, పారిశ్రామిక అవసరాల్ని తీరుస్తాయి. వాతావరణంలోని కర్బన నిలువలను నియంత్రించడంతో సహాయపడతాయి. అలాగే వరదలు, మురికి నీటి ప్రవాహాల్ని తగ్గించేందుకు దోహదపడుతాయి.

అటవీ ప్రాంతం లేనప్పుడు కొద్దిపాటి వర్షపాతం జలశక్తి అభియాన్ కింద తవ్విన చెరువులు మరియు బావులను నీటితో సమృద్ధిగా ఉంచలేదు. దీనివలన ఆశించిన లక్ష్యాలను పొందలేము. అంతేకాక కృత్రిమమైన అడవి సహజమైన వాటికి ప్రత్యామ్నాయం కాదు. కృత్రిమ తోటల పెంపకంతో జీవవైవిధ్యం దెబ్బతింటుంది. పరిమిత శాస్త్రీయ తోటల పెంపకంతో జీవవైవిధ్యం దెబ్బతింటుంది. పరిమిత శాస్త్రీయ, పర్యావరణ అవగాహనతో చెట్లను నాటడం కంటే కొనసాగుతున్న అటవీ నిర్మూళనను నిరోధించడం సరైన విధానంగా చెప్పుకోవాలి. జలశక్తి అభియాన్ ప్రజల భాగస్వామ్యం ద్వారా నీటి సంరక్షణపై ప్రభుత్వ సానుకూల ఉద్దేశ్యాన్ని చూపిస్తున్నది కాబట్టి, పైన తెలిపిన చర్యలు మరింత ప్రభావితం చేస్తాయి అనడంలో ఎలాంటి సందేహం లేదు. అలాగే జలసంరక్షణ రీతుల్లో రైతులకు శిక్షణ ఇచ్చి, వారు తమ కర్తవ్య నిర్వహణలో సరియైన ఫలితాలు పొందేలా చూడాలి. అధికంగా నీరు అవసరమయ్యే పంటలకు సూక్ష్మ నీటిపారుదల పద్ధతులను వర్తింపజేయాలి. ఈ కార్యక్రమం ద్వారా నిర్మించిన కట్టడాలు కాపాడుకునే చర్యలు తీసుకోవాలి.

-0-0-

## 3. భూగర్భజలాల వినియోగంలో శాస్త్రీయ దృక్పథం ఉండాలి.

భూగర్భ జలాలను ఇష్టారాజ్యంగా వెలికితీస్తే తీవ్రమైన సమస్యలను ఎదుర్కోవల్సి వస్తుంది. ఏ ప్రదేశంలో ఎంత లోతులో బోర్లు వేయాలి. ఒక బోరుకు మరో బోరుకు మధ్య ఎంత దూరం ఉండాలి అనేవి ప్రధానంగా గమనంలో ఉంచుకోవాలి.

**తెలంగాణలో భూగర్భ జలాలు :**

అక్టోబరు 2020లో ఎడతెరిపి లేకుండా కురిసిన వర్షాల వల్ల తెలంగాణలో భూగర్భజలాలు గణనీయంగా పెరిగాయి. అక్టోబర్ 31తో ముగిసిన 2020-21 నీటి సంవత్సరంలో తెలంగాణలో 53% ఎక్కువ వర్షపాతం నమోదైంది. 816 మి.మీ.గా ఉన్న సాధారణ వర్షపాతం 1249.2 మి.మీకు పెరిగింది. నల్గొండ జిల్లాలో 835.6 మి.మీ. ఉంటే ములుగు జిల్లాలో 2040 మి.మీ. వరకు ఉంది. 27 జిల్లాలు సగటు కంటే +26% నుండి 142% వరకు వర్షపాతం పొందాయి. ఆరు జిల్లాలు -14% నుండి 11% సాధారణ వర్షపాతాన్ని నమోదుచేశాయి. దీని పర్యవసానంగా అక్టోబరు చివరలో తెలంగాణ రాష్ట్రంలో సగటు భూగర్భ జల మట్టాలు భూగర్భ మట్టానికి 4.22 మీటర్ల దిగువన ఉన్నాయి. ఇది వరంగల్ జిల్లాలో 0.91 మీటర్లుంటే, సంగారెడ్డిలో 13.52 మీటర్లుగా నమోదయ్యింది. రాష్ట్రంలోని 33 జిల్లాల్లో 24 జిల్లాల సగటు భూగర్భ జల మట్టం 5 మీటర్లుంటే, 8 జిల్లాల్లో 5 మీటర్ల నుండి 10 మీటర్ల మధ్య ఉంది. ఆసిఫాబాద్ కనిష్టంగా 601 మీటర్లు, మహబూబ్‌నగర్‌లో 1085 మీటర్లు నమోదైంది. ఈ ఏడాది మేతో పోల్చితే ఈ నెలలో భూగర్భ జల మట్టాలలో నికర సగటు 7.06 మీటర్ల పెరుగుదల గమనించబడింది. ఈ పెరుగుదల వనపర్తిలో 2.65 మీటర్లుంటే మెదక్‌లో 1348 మీటర్లుగా నమోదైంది. అక్టోబరు నెలలో (2010-19) దశాబ్ది సగటులో పోలిస్తే మొత్తం 589 మండలాల్లో 543 మండలాలు 0.05 నుండి 25.96 మీటర్ల పరిధిలో పెరిగాయి. మిగిలిన 46 మండలాల్లో 20.52 మీటర్ల నుండి 0.03 మీటర్ల పరిధిలో పడిపోయాయి. కానీ పరిస్థితులు ఎప్పటికి ఇలానే ఉంటాయని ఆశించలేము.

భారత్‌లో భూగర్భ జలాలు :

ప్రాంతాల వారీగా, భారత్‌లో విభిన్నమైన వాతావరణ పరిస్థితులుంటాయి. ఏ ప్రాంతంలో ఏ విధానంలో బోరుబావులు తవ్వాలనేది శాస్త్రీయంగా తెలుసుకోవాలి. అశాస్త్రీయంగా ఎక్కడ పడితే అక్కడ బోరుబావులు తవ్వడం వల్ల అవి త్వరగా ఎండిపోయే అవకాశం ఉంది. ఇది త్రాగునీరు, వ్యవసాయంపై ప్రభావం చూపుతుంది. ప్రపంచంలో చైనా తర్వాత భారత్ రెండో పెద్ద వ్యవసాయ దేశం. భారత్‌లో సాగుభూముల విస్తీర్ణం 667 వేల చదరపు కిలోమీటర్లు. మన వద్ద 1960 తర్వాత నుండి సాగునీటి అవసరాల కోసం భూగర్భ జలాల వినియోగం గణనీయంగా పెరిగింది. వర్షాలు కురవడంలో హెచ్చుతగ్గుల వల్ల భూ ఉపరితల జల నిల్వలు అవసరాలకు తగ్గట్లు అన్నివేళలా అందుబాటు ఒకేలా ఉండదు. అందుకే భూగర్భ జలాల వైపు చూస్తుంటాం. 2019లో కేంద్రీయ భూగర్భ జల సంస్థ చేసిన ఒక సర్వే ప్రకారం భారత్‌లో ఏటా భూగర్భజలంలా మారుతున్న వర్షపు నీరు 43,300 కోట్ల ఘనపు మీటర్లు. మనం భూగర్భం నుంచి వెలికితీస్తున్న నీటి పరిమాణం 24,900 ఘనపు మీటర్లు అంటే మొత్తం భూగర్భజలంలో 62 శాతం. కేంద్ర పట్టణ జల సంస్థ అంచనా ప్రకారం 2018 నాటికి దేశంలో మొత్తం 3.30 కోట్ల బోరుబావులున్నాయి. రోజురోజుకు వీటి సంఖ్య పెరుగుతున్నది. బోరుబావుల సంఖ్య పెరుగుతున్నదంటే, ఆ మేరకు భూగర్భ జలాల వినియోగం పెరుగుతున్నట్లే గదా. ఇది చాలా ఆందోళన కలిగించే అంశం.

నదులలో క్షీణిస్తున్న నీటి లభ్యత:

సింధూనదిపై 1930వ దశకంలో సుక్కూర్ ఆనకట్టను నిర్మించారు. 1991తో పోలిస్తే దీనికి వచ్చే నీరు 35 శాతానికిపైగా తగ్గినట్టు సింధూనది వ్యవస్థ ప్రాధికారసంస్థ పేర్కొంది. గంగా దాని ఉపనదుల్లో వేసవిలో ప్రవాహాలు గతంలో కన్నా 30

శాతానికిపైగా తగ్గాయి. 1970తో పోలిస్తే కాన్పూర్ వద్ద గంగానది నీటి లభ్యత 50 శాతానికి తగ్గింది. రానున్న 30 సంవత్సరాలలో నీటి లభ్యత మరో 25 శాతం తగ్గే ప్రమాదం ఉంది. 2050 కల్లా యమునా నదీ పరీవాహక ప్రాంతంలోని 30 జిల్లాల్లో గండక్ పరివాహక ప్రాంతంలో 18 జిల్లాల్లో నీటి ఎద్దడి ఎదుర్కొనవచ్చని అంచనా.

**భూగర్భ జలాల వాడకంలో విచక్షణ అవసరం :**

సాధారణంగా కఠిన శిలలు ఉన్న ప్రాంతాల్లో బోరు బావుల లోతు 100-200 మీటర్లు. ఆ బావుల మధ్య దూరం 200 మీటర్లుండాలి. నదీ పరివాహక ప్రాంతాల్లో బోరుబావుల లోతు 20-30 మీటర్లు. వాటి మధ్య దూరం 150 మీటర్లుండాలి. ఆ ప్రాంత వర్షపాతం, భూగర్భ జల పొరలు, భౌగోళిక పరిస్థితులను బట్టి బోరుబావుల లోతు వాటి మధ్య దూరంలో తేడాలుంటాయి. కేంద్ర ప్రభుత్వ గణాంకాల ప్రకారం దేశవ్యాప్తంగా భూగర్భ జలాల మట్టాలు 2007-2017 మధ్యకాలంలో 61 శాతం తగ్గాయి. కఠిన శిలలతో నిండిన ప్రాంతాల్లో భూగర్భజలాలు చాలా తక్కువగా ఉంటాయి. నదీపరీవాహక ప్రాంతాల్లోని భూపొరల్లో ఇసుక, కంకర, మిశ్రమాల కలయిక ఉంటుంది. దానివల్ల వర్షపు నీరు భూమిలోని పొరల్లోకి వేగంగా చొచ్చుకుపోయి అధికమోతాదులో నిల్వ ఉంటుంది. సముద్రతీరర ప్రాంతాల్లో సైతం భూగర్భజలాలు సమృద్ధిగా ఉంటాయి. బోరుబావుల మధ్యదూరాన్ని శాస్త్రీయంగా పాటించకపోతే ఆ బావులు త్వరగా ఎండిపోవచ్చు. నీటి ప్రవాహశక్తి ఎక్కువ లోతున్న బావి వైపే ఉంటుంది. భూమిపై పల్లపు ప్రదేశంలో ఎంత లోతున్న బావి నుంచి అయినా నీటిని ఎక్కువగా తోడేస్తే ఎత్తు ప్రదేశంలో ఉన్న బావి చాలా లోతుగా ఉన్నా సరే అది త్వరగా అడుగంటిపోతుంది. నివాస ప్రాంతాలతో పోలిస్తే వ్యవసాయ ప్రాంతాల్లో భూగర్భజల వినియోగం అధికంగా ఉంటుంది కాబట్టి అక్కడ శాస్త్రీయ పద్ధతుల్లో బోర్లు వేయడం మంచిది. వీటిని అపరిమితంగా తోడడం వల్ల తీవ్రమైన నీటి ఎద్దడిని ఎదుర్కోవాల్సి రావొచ్చు. ఈ పరిస్థితి ఆహారోత్పత్తిపై ప్రభావం చూపి ఆహార సంక్షోభం రావొచ్చు.

రాతినేలల్లో జలసిరి పెరగడం లేదు:

(ఎన్‌బీఆర్ఐ పరిశోధన వివరాలు) తెలంగాణా రాష్ట్రాల్లో రాతి నేలలు అధికంగా ఉండడంతో వర్షపునీరు భూగర్భంలోకి చేరే పరిస్థితి లేదు. రాష్ట్రంలో పలుచోట్ల నేలపైపొరల నుంచి 50-100 అడుగుల వరకు రాతి పొరలు అధికంగా ఉన్నాయి. దీంతో వర్షంనీరు నేరుగా భూగర్భజల మట్టాన్ని చేరడం లేదు. భూగర్భజల పరిభాషలో ఈ పై పొరలను 'కడోస్‌జోన్' అని పిలుస్తారు. ఈ జోన్ ప్రతి 50-100 కి.మీ. పరిధికి వేర్వేరుగా ఉంటుంది. ఈ కడోస్‌జోన్‌లపై మండలాల వారీగా "టైమ్‌ల్యాప్స్ ఎలక్ట్రోడ్ రిసెస్టివిటీ మెథడ్" ఆధారంగా అధ్యయనం చేయాలి. అప్పుడే ఆయా ప్రాంతాల్లో వర్షపు నీటిని ఒడిసి పట్టేందుకు ఉన్న అవకాశాలపై స్పష్టత వస్తుంది.

వర్షపు నీటిని ఎలా ఒడిసిపట్టాలి:

- వర్షపు నీటిని చిన్న కాల్వల ద్వారా వట్టిపోయిన బావులు, బోరుబావుల్లోకి మళ్లించాలి.
- లోతట్టు ప్రాంతాల్లో పెద్ద ఎత్తున ఇంకుడు గుంతలు, కొలనులు, ఫామ్‌పాండ్స్ తవ్వించాలి.
- చెరువులు, కుంటలను మరమ్మతులు చేసి వర్షపు నీరు చేరేందుకు వీలుగా ఇన్‌ఫ్లో చానల్స్‌ను పునరుద్ధరించాలి.
- రాతినేలల్లో వర్షపు నీటిని ఇంకించేందుకు వీలుగా ఇంజక్షన్ వెల్స్‌ను అధికంగా తవ్వాలి.
- వర్షపు నీరు భూగర్భంలోకి మళ్లిస్తే నీటిలో ఉండే ఫ్లోరైడ్ ఇతర హానికర లవణాల మోతాదు కూడా తగ్గి నీటి నాణ్యత పెరుగుతుంది.

మానవాళి మనుగడ ప్రశ్నార్థకం :

భారతదేశంలో భూగర్భజలాల క్షీణత వల్ల దేశవ్యాప్తంగా ఆహార పంటలు 20 శాతం తగ్గుతాయని, భవిష్యత్తులో భూగర్భజల లభ్యత తక్కువగా ఉంటుందని, ఇది 68 శాతం మేర తగ్గొచ్చని అధ్యయనాలు చెబుతున్నాయి. భూగర్భజలాలు

ఆహార భద్రతకు కీలకమైన వనరు. ఇది భారత్‌లో నీటిపారుదల సరఫరాలో 60 శాతం వాటా ఉంది. "సైన్స్ అడ్వాన్సెస్" అధ్యయనం ప్రకారం నీటిపారుదల, గృహ వినియోగం కోసం భూగర్భ జలాలను వినియోగించడం వల్ల ఈ పరిస్థితి క్షీణతకు దారితీస్తోంది. అధిక రిజల్యూషన్ ఉపగ్రహ చిత్రాలు మరియు జనాభా లెక్కల డాటాను ఉపయోగించి చేసిన అధ్యయనాలు భూగర్భ జలక్షీణత ప్రభావం పంటల ఉత్పత్తి తీవ్రత గూర్చిన అంచనాలు సానుకూలంగా లేనట్లుగా చెబుతున్నాయి. ప్రపంచంలో గోధుమలు, బియ్యం మరియు కాయధాన్యాల ఉత్పత్తి చేసే రెండవ అతిపెద్ద దేశంగా, ప్రపంచంలోని వ్యవసాయ ఉత్పత్తిలో భారత్ 10% వాటా కలిగి ఉన్నది. 600 మిలియన్ల రైతులు వ్యవసాయమే జీవనోపాధిగా ఉన్నారు. ఉత్పత్తిలో ఏవైనా నష్టాలు వస్తే భారతీయ వ్యవసాయాన్ని ప్రభావితం చేయడమే కాకుండా దక్షిణ ఆసియా మరియు ప్రపంచ ఆహార భద్రతకు ముప్పు కలుగుతుంది. అందుకే ప్రభుత్వాలు నీటి చట్టాలను కఠినంగా అమలు చేయకపోతే మానవాళి మనుగడ ప్రశ్నార్థకమవుతుంది.

**Conceptual groundwater-flow diagram.**

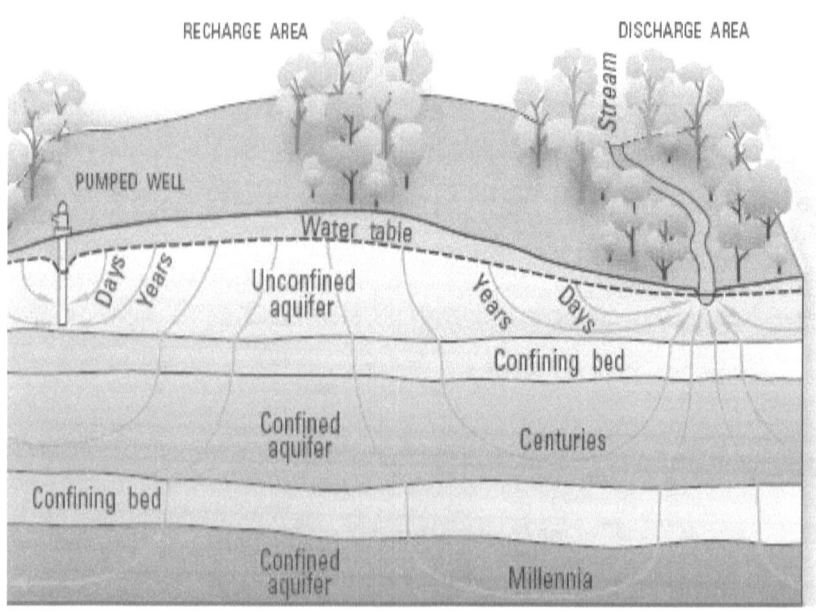

Source: Public domain

-0-0-

# 4. జల సంక్షోభం మానవాళికి పెను సవాలు

సమస్త జీవకోటికి ప్రాణాధారం నీరు. కానీ దీని నీటి లభ్యత నానాటికి తగ్గిపోతున్నది. ప్రపంచవ్యాప్తంగా నీటి కొరత నేడు ప్రధాన సమస్య. నీటి నిర్వహణపై శాస్త్రీయ ఆచరణలు లేకపోవడం, ఉన్న నీటి వనరులను కలుషితం కాకుండా చూచుకోకపోవడం వల్ల నీటిని సమర్ధవంతంగా వినియోగించుకోలేపోతున్నాము. ప్రపంచ నీటివాటాలో మంచినీటి వాటా కేవలం మూడు శాతమే. అందుకే నీటి వివాదాలు ప్రతిరోజు సాధారణ ప్రజానీకం నుంచి మొదలు, ప్రాంతాలు, రాష్ట్ర, దేశాలు మధ్య వివాదాలను చూస్తున్నాం. అందుకే భవిష్యత్ తరాలకు నీటి కొరత ఎదురుకాకుండా ఉండేలా అన్ని రకాల చర్యలు తీసుకోవడం తక్షణ కర్తవ్యంగా కనబడుతున్నది. ఈ దిశన పాలకులు, ప్రభుత్వాలు, పౌర సమాజం శ్రద్ధ పెట్టాలి.

**నీతి ఆయోగ్ గణాంకాలు ఏమి చెబుతున్నాయంటే? :**

నీతి ఆయోగ్ **2021** గణాంకాల ప్రకారం భారత్ విస్తీర్ణాన్ని మరియు **1985-2015** మధ్య **3** దశాబ్దాల సగటు వార్షిక వర్షపాతాన్ని పరిగణలోకి తీసుకుంటే దేశంలో సగటున నాలుగు లక్షల ఘనపు మీటర్ల నీరు లభ్యమవుతున్నది. భారత జల కమీషన్ **2019** అంచనా మేరకు ఏటా మూడు లక్షల కోట్ల ఘనపు మీటర్ల నీరు అవసరం. కానీ నీటి ఆవిరి, భౌగోళిక వ్యత్యాసాలు తదితర కారణాల వల్ల దేశంలో మొత్తం సగటు వార్షిక నీటి లభ్యత **1.86** లక్షల కోట్ల ఘనపు మీటర్లే. అందులో భూ ఉపరితలం జల వనరుల నుండి **69** కోట్ల ఘనపు మీటర్లు లభిస్తోంది. దీనిని బట్టి మొత్తం లభ్యత నీటిలో కేవలం **1.12** లక్షల కోట్ల ఘనపు మీటర్ల నీరే ఉపయోగపడుతున్నది. మిగతా **74** వేల కోట్ల ఘనపు మీటర్ల మేర నీరు వృధా అయిపోతున్నది. దేశంలో సగానికి పైగా జనాభాకు మంచినీరు లభ్యం కావడం లేదు. ఈ ప్రభావం దేశ ఆర్థికాభివృద్ధిపై తీవ్రస్థాయిలో పడుతున్నది.

**భారత్‌లో నీటి సంక్షోభం :**

భారత్‌లో ఇతర నదులతో పోలిస్తే గంగ, బ్రహ్మపుత్ర, సింధు లాంటి మూడు నదుల పరీవాహక ప్రాంత విస్తీర్ణం **14.2** లక్షల చదరపు కిలోమీటర్లు. అందుకే

ఇక్కడ వర్షం ద్వారా లభించే నీటి స్థాయి అధికం. భారత సగటు వార్షిక భూగర్భ జల లభ్యత 46 శాతం ఈ ప్రాంతానిదే. భారత్‌లో భూ ఉపరితల నీటి వనరుల్లో నదీజలాలు 60 శాతం మేర ఉన్నాయి. గోదావరి, క్రిష్ణ, కావేరి నదుల్లో కూడా నీటి ప్రవాహం ఎక్కువగా ఉన్నప్పటికీ దేశం మొత్తం వివిధ ప్రాంతాల జల వినియోగం గూర్చి జాతీయ భూగర్భ జల సంస్థ 2011 లెక్కల మేరకు దేశంలో 37.37 శాతం ప్రాంతం నీటి సంక్షోభాన్ని ఎదుర్కొంటున్నది. కేంద్ర ప్రభుత్వ జల శాఖ 2021 అంచనాల ప్రకారం దేశంలో తలసరి నీటి లభ్యత 1951లో 5,177 ఘనపు మీటర్లుంటే 2011 నాటికి 1,545 ఘనపు మీటర్లకు తగ్గింది. 2025 నాటికి 1341 ఘనపు మీటర్లకు, 2050 నాటికి 1140 ఘనపు మీటర్ల మేరకు తగ్గుతుందని అంచనా. అంతర్జాతీయ ప్రమాణాల మేరకు తలసరి నీటి లభ్యత వెయ్యి ఘనపు మీటర్ల కంటే తక్కువగా ఉంటే నీటి కొరతగా, 1000-1700 ఘనపు మీటర్ల మధ్య ఉంటే నీటి ఒత్తిడిగా పరిగణిస్తారు. 1700 ఘనపు మీటర్లు మించి ఉన్నపుడు మాత్రమే నీటి సంరక్షణ సంతృప్తికరంగా ఉన్నట్లు అనుకోవచ్చు. అంటే రానున్న 30 ఏండ్లలో దేశంలో నీటి సమస్య తీవ్రరూపం దాల్చబోతుందని తేటతెల్లంగా అర్థం అవుతున్నది.

**పూడిక తీస్తేనే జలాశయాలకు జీవం :**

దేశంలోని జలాశయాల్లో భారీ ఎత్తున పూడిక పేరుకుపోతున్నది. అలా ప్రాజెక్టుల నీటి నిల్వ సామర్థ్యం ఏటా తగ్గిపోతున్నది. ఉదాహరణకు శ్రీశైలం అసలు నీటి నిల్వ సామర్థ్యం 308.60 టీయంసీల ప్రస్తుతం అది 215.80 టీయంసీలకు పడిపోయింది. అంటే దాదాపు 92 టీయంసీల నిల్వ తగ్గింది. ఇలా దేశంలోని అన్ని జలాశయాల్లో పూడిక సమస్య ఉంది. కేంద్ర జలశక్తి శాఖ విడుదల చేసిన నివేదికల ప్రకారం దేశంలోని జలాశయాలన్నీ కలిసి ప్రస్తుతం 25 వేల కోట్ల ఘనపు మీటర్లకు పైగా నీటిని నిల్వచేయగలవు. దీన్ని భవిష్యత్తులో 38 వేల కోట్ల ఘనపు మీటర్లకు పెంచాలని భావిస్తున్నారు. నానాటికీ అధికమవుతున్న పూడిక సమస్య ఆ లక్ష్యానికి అవరోధంగా నిలుస్తుంది. దక్షిణ భారత్‌లో 36 జలాశయాల్లో పూడిక సమస్య అధికంగా ఉంటుంది. ఫలితంగా వాటి వాస్తవ నీటి సామర్థ్యం ఇప్పటికే 39 శాతం కోసుకు పోయినట్లు జలశక్తి నివేదిక స్పష్టం చేసింది. పూడిక సమస్యల వల్ల ప్రాజెక్టులో

జలవిద్యుత్తు ఉత్పత్తికి అవసరమైన స్థాయిలో నీటి సరఫరా ఉండదు. జలాశయ సొరంగాలు, గోడలు వంటివన్నీ దెబ్బతింటాయి. పూడికకు దగ్గర్లో పవర్ టర్బైన్స్ కూడా పాడవుతాయి. భాక్రా ఆనకట్ట నీటి నిల్వ సామర్థ్యం 927 కోట్ల ఘ.మీ. పూడిక వల్ల 2.13 కోట్ల ఘ.మీ. మేర అందులో నిల్వ సామర్థ్యం తగ్గిపోయింది. తుంగభద్ర, నారాయణపూర్, మలప్రభ జలాశయాలు సైతం పూడిక వల్ల గరిష్ట నిల్వ సామర్థ్యాన్ని కోల్పోయాయి. కృష్ణానదీ పరివాహక ప్రాంతంలో అడవులను నరికి వేయడం వల్ల భూమి కోతకు గురై వరదల సమయంలో మట్టికొట్టుకొచ్చి జలాశయాల్లో మేట వేస్తున్నది. సెంట్రల్ వాటర్ కమీషన్ మార్గదర్శకాల ప్రకారం ఆరేళ్లకు ఒకేసారి జలాశయాల్లో నీటి నిల్వ సామర్థ్యాన్ని లెక్కించాలి. ఏదైనా జలాశయానికి వచ్చే ఇన్‌ఫ్లో నీటిలో మట్టిని 10 శాతం తగ్గించగలిగితే జలశయ జీవితకాలం పెంచొచ్చు. అడవులను పెంచడం వల్ల నీటి ప్రవాహంలో చేరే నీటిని తగ్గించొచ్చు. జపాన్‌లో జలాశయాలకు అనుబంధంగా 15 మీటర్ల ఎత్తులో భారీసంఖ్యలో పూడికను నిల్వచేసే జలాశయాలను ఏర్పాటుచేశారు. ఇవి ప్రవాహంలో కొట్టుకొచ్చే మట్టిని అడ్డుకుంటాయి. ఫలితంగా పూడిక సమస్య తగ్గిపోతుంది.

**భారత్‌లో నీటి సంక్షోభాన్ని ఎలా నివారించగలం :**

భారత్‌లో నీటి సంక్షోభాన్ని నివారించే పరిష్కార మార్గాలు పర్యావరణ పరిరక్షణ చర్యలు తక్షణ అవసరం. లేకుంటే చాలా సామాజిక సమస్యలు రావచ్చు. అందుకే ప్రభుత్వాలు, పాలకులు జవాబుదారీతనంతో వ్యవహరించాలి. నదుల అనుసంధానం, ఇంకుడు గుంతల ఏర్పాటు, చెరువులు, కుంటల సంరక్షణ లాంటి నీటి నిర్వహణ పద్ధతులను శాస్త్రీయంగా యుద్ధ ప్రాతిపదికన చేపట్టాలి. పౌర సమాజం, స్వచ్ఛంధ సంస్థలు ప్రభుత్వాలకు సహకరిస్తే రానున్న తరాలు నీటి సంక్షోభాన్ని ఎదుర్కోకుండా ఉండేందుకు కృషి చేసినవారమవుతాము. అలాగే నీటి సంక్షోభాన్ని వాటర్‌సేర్, నీటి వడపోత, వాటర్ వీల్, నీటి సరఫరాను డిజిటలైజేషన్ చేయడం లాంటి కొన్ని నవీన పరిష్కారాల ద్వారా తగ్గించొచ్చు.

-0-0-

## 5. నదీ జలాల్లోకి చేరుతున్న భారలోహాలను శాస్త్రీయ నిబంధనలతో కట్టడి చేయాలి.

భారత్‌లో సుమారు 20 నదీ పరివాహక ప్రాంతాలు భారలోహాల కాలుష్య కోరల్లో ఉన్నాయి. ఫలితంగా వాటిపై ఆధారపడ్డ వృక్ష జంతుజాతుల మనుగడ ప్రశ్నార్థక మవుతున్నదని అంతర్జాతీయ ప్రకృతి సంరక్షణ సంఘం చెబుతున్నది. భారీలోహాల వల్ల పర్యావరణం మరియు దాని కంపార్ట్‌మెంట్లు తీవ్రంగా కలుషితమవుతున్నాయి. భారీ లోహాల నివారణకు నేల నాణ్యత, గాలి నాణ్యత, నీటి నాణ్యత, మానవ ఆరోగ్యం, జంతువుల ఆరోగ్యం లాంటి రంగాలను పరిగణలోకి తీసుకొని, వీటి రక్షణ చర్యల గూర్చి ప్రత్యేక శ్రద్ధ తీసుకోవాలి. భారత్‌లో నదీజలాల్లోకి వ్యర్థాల కుమ్మరింతను పక్కాగా నిలువరించాలని సుప్రీంకోర్టు కూడా ఆదేశించింది.

**నదీ జలాల్లో భారీ లోహాలు :**

భారత్‌లోని 42 నదులలో అనుమతించదగిన పరిమితికి మించి కనీసం రెండు విషపూరిత భారీలోహాలు ఉన్నాయని సెంట్రల్ వాటర్ కమీషన్ పరిశోధన అధ్యయనాలు చెబుతున్నాయి. వేసవి, చలి, వర్షాకాలపు మూడు సీజన్లలో 16 నదీ పరివాహక ప్రాంతాల నుండి సేకరించిన నది నీటి నమూనాలను పరీక్షించిన ఈ అధ్యయనం 69 నదులలో భారీమొత్తంలో లెడ్ ఉన్నట్లు తెలిపింది. 137 నదులలో అనుమతించదగిన పరిమితం మించి ఇనుము ఉన్నట్లు అధ్యయనం చూపుతుంది. జాతీయ నది ఐన గంగ ఐదు భారీలోహాలైన క్రోమియం, రాగి, నికెల్, సీసం మరియు ఇనుముతో కలుషితమైంది. అలాగే అర్కవతి, బర్మాంగ్, రప్తి, సబర్మతి, సరయు, వైతర్నా లాంటి ఆరు నదుల్లో ఆమోదయోగ్యం కాని సాంద్రతతో నాలుగు కాలుష్య కారకాలున్నట్లు కనుగొన్నారు.

ఆమోదించిన మోతాదుకు మించి భారలోహాలతో కాలుష్యం బారినపడిన నదులు

| వ.సం. | భారలోహం | ఆమోదించిన మోతాదు | చెరువుల సంఖ్య |
|---|---|---|---|
| 1. | సీసం | 10 Mg/L | 69 |
| 2. | నికెల్ | 20 Mg/L | 25 |
| 3. | ఇనుము | 300 Mg/L | 137 |
| 4. | రాగి | 50 Mg/L | 10 |
| 5. | క్రోమియం | 50 Mg/L | 21 |
| 6. | కాడ్మియం | 3 Mg/L | 25 |

అమెరికా పర్యావరణ పరిరక్షణ సంస్థ. సీసం, క్రోమియం, ఆర్సెనికం, జింకు, కాల్షియం, రాగి, పాదరసం, నికెల్ లాంటి ఎనిమిది భారలోహాలు విషపూరితమైనవిగా ప్రకటించింది. ఇవి తక్కువ మోతాదుల్లో పర్యావరణంలో కలిసినా జీవజాలం, మొక్కలపై తీవ్ర దుష్పరిణామాలుంటాయి. అందుకే కేంద్ర జల సంఘం దేశంలో ప్రధాన నదులపై 531 ప్రాంతాల్లో నీటి నాణ్యత పర్యవేక్షణ కేంద్రాలు ఏర్పాటు చేసింది. గంగా పరివాహక ప్రాంతపరిధిలో 145, గోదావరి పరివాహక ప్రాంత పరిధిలో 39, కృష్ణా పరీవాహక ప్రాంత పరిధిలో 36తో పర్యవేక్షిస్తోంది. ఈ కేంద్రాలలో 2959 నమూనాలు సేకరించి పరీక్షిస్తే 287 ప్రదేశాల్లో నీటిలో మోతాదుకు మించి భారలోహాలున్నట్లు తేలింది. 101 నమూనాల్లో రెండు భారలోహ ధాతువులు అధిక మొత్తంలో ఉన్నట్లు గుర్తించింది. ఇనుము తరువాత స్థానంలో ఆర్సెనిక్, జింక్, సీసం, కాడ్మియం, నికెల్, క్రోమియం లాంటి విష భారలోహాలున్నాయని చెప్పింది.

### భార లోహాలు నదుల్లోకి ఎలా చేరుతున్నాయి ?

నిరంతర గనుల తవ్వకం, కాగితం, తోలు శుద్ధి, బ్యాటరీల పరిశ్రమలు, వ్యవసాయ సంబంధ రసాయనిక ఎరువుల విచ్చలవిడి వినియోగం, గృహ మురుగు నీటి వ్యర్థాల వల్ల ఈ ధాతువులు నదుల్లోకి చేరుతున్నాయి. వీటివల్ల భూమిసారం కోల్పోయి, మొక్కల్లో ఆహారం గొలుసు దెబ్బతింటుంది. ఒక టన్ను రాగి ఉత్పత్తి చేసేందుకు చేపట్టే తవ్వకాలలో అంతకుముందు మూడు రెట్ల వ్యర్థాలు వెలువడుతున్నట్లు నేషనల్ సైన్స్ అకాడమీ అధ్యయనాలు చెబుతున్నాయి. ఉపరితల గనుల తవ్వకం, భూగర్భ తవ్వకాలతో పోల్చితే ఎనిమిది రెట్ల వ్యర్థాలకు కారణమౌతున్నది. గృహ వ్యర్థాల నుంచి ఈ కాలుష్య కారకాలు అధికంగా వచ్చి నేరుగా జలవనరుల్లో కలుస్తున్నాయి. నగరాల్లో ఉన్న మురుగునీటి శుద్ధి కేంద్రాలు ఏబై శాతం మాత్రమే వీటిని వేరుచేయగలుగుతున్నాయి. కాడ్మియం, క్రోమియం, రాగి, సీసం, పాదరసం, గృహాలు, పారిశ్రామిక వ్యర్థాల నుంచి పెద్ద ఎత్తున భూమి, నీటిలో కలుస్తున్నాయి. ఇవి నీరు, ఆహారం, గాలి ద్వారా మానవ శరీరంలోకి ప్రవేశిస్తున్నాయి. దీర్ఘకాలికంగా పరిమితికిమించిన ఖనిజాలున్న నీరు తాగితే కండరాల

క్షీణత, నరాల బలహీనత, అల్జీమర్స్, పార్కిన్సన్ వంటి వ్యాధుల బారిన పడాల్సి వస్తుంది. కాలుష్యం వల్ల జీర్ణకోశ వ్యాధులు క్యాన్సర్ వంటి జబ్బులు కూడా రావొచ్చు. ప్రపంచ ఆరోగ్య సంస్థ భారత్‌లోని పారిశ్రామిక ప్రాంతాల్లో పరిమితికి మించి కాలుష్యం ఉందని స్పష్టం చేసింది. దేశంలోని కొన్ని రాష్ట్రాల్లో భూగర్భజలాల్లో పరిమితికి మించిన స్థాయిలో యురేనియం, ఆర్సెనిక్, క్రోమియం, కాడ్మియం, సీసం లాంటి భారలోహాలున్నాయి. హిమాలయ పర్వతాల్లోని కొన్ని రాళ్ళు, ఇండోబర్మన్ పర్వతశ్రేణి నుంచి వచ్చే జలాల్లో ఆర్సెనిక్ ఉంటుందని పరిశోధనలు చెబుతున్నాయి. బయోటైట్, మాగ్నటైట్, ఇల్మెనైట్, ఓలివిన్, పైరాగ్జిన్ లాంటి ఖనిజాల్లో భారలోహాలు కనిపిస్తాయి. ఇవి నదీ పరివాహక ప్రాంతాలకు చేరినపుడు ఆ నీటిలో కలిపి ఆర్సెనిక్ విడుదల చేస్తాయి. అలా క్రమంగా భూగర్భజలాల్లోకి ఆర్సెనిక్ చేరుకున్నట్లు శాస్త్రవేత్తలు చెబుతున్నారు.

## గరళంగా గోదావరి ?

గోదావరి నది తెలంగాణ రాష్ట్రంలో ప్రవేశించే కుందకుర్తి (బాసర) నుంచి సరిహద్దు బూర్గంపహాడ్(భద్రాచలం) వరకు కాలుష్య కోరల్లో చిక్కుకుంటున్నది. ఇందులో కలిసే ఉపనదులతో మరింతగా విషతుల్యమవుతున్నది. పారిశ్రామిక వ్యర్థాలు నేరుగా వచ్చి నదిలో కలుస్తున్నాయి. గోదావరిఖని కోల్‌బెల్ట్ ప్రాంతంలో తాజాగా నదిలో పెద్దమొత్తంలో నురగ ఏర్పడడం కలవరపెట్టే అంశం. కాలుష్య నియంత్రణ మండలి 2021 గణాంకాల ప్రకారం నీటి నాణ్యత గోదావరి, మంజీరా, కిన్నెరసాని నదులలో బి-గ్రేడ్‌లో, మానేరు, రామగుండం సి-గ్రేడ్‌లో, కరీంనగర్ మున్సిపల్ కేంద్రం దగ్గర డి-గ్రేడ్‌కు పడిపోయింది. శాస్త్రీయ అంచనాల ప్రకారం నీటి నాణ్యత ఎ-గ్రేడ్‌లో ఉంటే బాక్టీరియాను తొలగించి మంచినీళ్లుగా త్రాగవచ్చు. బి-గ్రేడ్ అయితే స్నానం చేయవచ్చు కానీ త్రాగలేము. సి-గ్రేడ్‌లో శుద్ధి చేస్తే తప్ప త్రాగకూడదు. డి-గ్రేడ్ పశువులకు, చేపలకు మాత్రమే పనికివస్తాయి. ఇ-గ్రేడ్ వ్యవసాయ అవసరాలకోసం మాత్రమే వాడాలి. ఇ-గ్రేడ్ దాటిన నీరు ఎందుకూ పనికిరాదు.

**అసలు గోదావరి నదిలో నీరు కలుషితమవడం ఎందుకు ?**

- పరిశ్రమలు ఏడాదంతా రసాయన వ్యర్థాల్ని నిలువచేసి వర్షాకాలం రాగానే వాటిని నదులలోకి పంపడం వలన.
- నిత్యం మురుగునీరు నదీ పరీవాహక ప్రాంతంలో కలవడం వల్ల.
- చాలా సంవత్సరాల క్రితం నిర్మించిన సీవేజ్ ట్రీట్‌మెంట్ ప్లాంట్ల నిర్వహణ సరిగ్గా లేక పట్టణాల మురుగునీరు గోదావరిలో కలవడం వలన.
- గోదావరి పరీవాహక ప్రాంతాలలో 50కి పైగా నాలాల నుంచి మురుగునీరు వస్తుంది. రోజుకు 249 యం.ఎల్.డి.ల నీళ్లు వాడుతుంటే అందులో 199 యం.ఎల్.డి.ల మురుగు నీరు శుద్ధి చేయకుండానే గోదావరిలోకి చేరుతుండడం వల్ల.
- నీటిలో కరిగి ఉండే ఆక్సిజన్ పరిమాణం నదుల్లో క్రమంగా తగ్గుతుంది. లీటర్ నీటిలో కనీసం 4 మి.గ్రా. ఉండాలి. బయోలాజికల్ ఆక్సిజన్ డిమాండ్ 3 మి.గ్రా. దాటితే ప్రమాదం, కానీ ఉపనదుల్లో 4 నుండి 9 మి.గ్రా. ఉంటున్నది.

**భారలోహాల నుండి జీవజాలానికి రక్షణ ఎలా ?**

ప్రజలు త్రాగే నీటిలో ఖనిజాలు ఎంత ఉండాలో ప్రమాణాలు నిర్దేశించారు. మనము త్రాగే నీటి నాణ్యతను వీటిలో కరిగిన ఆక్సిజన్, పిహెచ్ ఉష్ణోగ్రత, లవణీయత, నత్రజని, భాస్వరం లాంటి ఆరు పోషకాలు తగుపాళ్లలో ఉండాలి. అలాగే నీటిలో కరిగే పురుగు మందులు, కలుపు సంహారకాలు మరియు భారలోహపు కొలతలను కూడా పరిగణలోకి తీసుకోవాలి. జంతువులకు, మొక్కలకు పెట్టే నీటి విషయంలో కూడా ప్రమాణాలున్నాయి. ఈ విషయం గూర్చి విస్తృతంగా ప్రజలకు అవగాహన కల్గించాల్సిన అవసరం ఉన్నది. భారీలోహాలున్న నీటిని తాగిన పశువు ఇచ్చే పాలు కూడా ఈ ప్రభావానికి గురవుతాయి. అలాగే ఈ నీటిలో పెరిగిన మొక్కలు ఇచ్చే ఉత్పత్తుల్లో కూడా అవశేషాలుంటాయి. అందుకే జాతీయ సైన్స్ అకాడమీ పశువులు, కోళ్లు వంటి వాటికి అందించే నీటికి ప్రమాణాలు నిర్దేశించింది. కాని ఇవి ఎక్కడా అమలుకావడం లేదు. నీటిని శుద్ధి చేసేందుకు రసాయన, భౌతిక, జీవ సంబంధమైన ఎన్నో నవీన పద్ధతులు అందుబాటులో ఉన్నా, ఎక్కువ వ్యర్థాలు

విడుదలయ్యే పరిశ్రమలు నీటి గూర్చి ఆలోచించడం లేదు. ప్రమాణాల మేరకు శుద్ధి చేయాలంటే ఖర్చుతో కూడుకున్నదని ఈ విషయంగా శ్రద్ధ చూపడం లేదు. వ్యర్థాలు ఉత్పత్తి అవుతున్న ప్రదేశంలు కర్మాగారాలలోనే శుద్ధి చేసేలా కఠిన నిబంధనలు అమలు చేయాలి. ప్రతి సీజన్‌లో భూసార పరీక్షలు చేసి ఎంత మొత్తంలో ఎరువులు వాడాలనే విషయంగా రైతులకు సూచనలు చేయాలి. ఫ్లోరైడ్ వంటి సమస్యలకు దూరంగా ఉండాలంటే ఉపరితల జలవనరులను వినియోగించేలా చర్యలు తీసుకోవాలి. సంవత్సరానికి కనీసం నాలుగుసార్లు నీటి నాణ్యతను పర్యవేక్షించాలని కేంద్ర జల సంఘం సిఫార్సు చేస్తున్నది. టానరీలు, మైనింగ్ మరియు ఇతర పరిశ్రమల నుండి వచ్చే భారలోహాల వ్యర్థాలు నదికి వెళ్ళే ముందు రసాయనికంగా మరియు జీవశాస్త్రపరంగా చర్యలు తీసుకోవాలని స్వయం ప్రతిపత్తి సంస్థలు కూడా సూచించాయి. రాష్ట్ర కాలుష్య నియంత్రణ మండళ్లు, పురపాలక సమన్వయంతో నగరాల్లో నీటిశుద్ధి కేంద్రాలను విస్తృతంగా ఏర్పాటు చేయాలి. జాతీయ నదుల సంరక్షణ ప్రణాళిక, అమృత, నమామి గంగే వంటి ప్రాజెక్టులు నత్తనడక నడుస్తున్నాయి. గంగానది క్షాళనకు కేంద్రం నమామిగంగే ప్రాజెక్టును 20 వేల కోట్లతో ప్రారంభించింది. ప్రభుత్వ గణాంకాలు ఇప్పటివరకు 37 శాతం పనులే పూర్తయినట్లు చెబుతున్నాయి. లక్ష్యాలు చేరుకోవడంలో యంత్రాంగాల అలసత్వానికి ఇది అద్దం పడుతున్నది. ప్రక్షాళనకు నిధులు భారీగానే వెచ్చిస్తున్నారు కానీ కాలుష్య కట్టడికి కట్టుదిట్టమైన చర్యలు లేకపోవడమే బాధాకరం. 'నమామి గంగే ప్రాజెక్టులో భాగంగా రూ. 11 వేల కోట్లకు పైగా వ్యయం చేసి నీటి శుద్ధి కేంద్రాలు ఏర్పాటు చేశారు. ఇది 117 కోట్ల లీటర్ల మురుగు నీటిని శుద్ధి చేస్తాయని అంచనా వేస్తున్నారు. కానీ జాతీయ గంగా శుద్ధి మిషన్ అంచనాల ప్రకారం గంగానదిలో రోజుకు 290 కోట్ల లీటర్ల మురుగు నీరు కలుస్తుంది. అంచనాకు ఫలితాలకు మధ్య శాస్త్రీయంగా ఆలోచనలు చేయకపోవడం వల్ల ఆశించిన ఫలితాలు రావడం లేదు. కేంద్రం దేశవ్యాప్తంగా పలునదులను శుద్ధి చేసేందుకు సేవ్ రివర్స్ (నదులను రక్షిద్దాం) పేర ప్రాజెక్టులు రూపకల్పన చేసింది. అందులో క్రిష్ణా, గోదావరి నదులు కూడా ఉన్నాయి. శుద్ధి చేయని వ్యర్థాల వల్లే నదులు కలుషితమవుతున్నాయి. అందుకే జలకాలుష్య కట్టడికి దీర్ఘకాలిక ప్రయోజాలను దృష్టిలో పెట్టుకొని తగు చర్యలు తీసుకోవాలి.

-0-0-

## 6. నీటి ఎద్దడిలో భారత్‌లోని ప్రధాన నగరాలు

విశ్వవ్యాప్తంగా నగరాల్లో నీటి సంక్షోభం రోజురోజుకు పెరుగుతున్నది. భూగర్భజలం పూర్తిగా అడుగంటిపోయే ముప్పు ఉంది. నీతి ఆయోగ్ ఇటీవల విడుదల చేసిన సంయుక్త జల నిర్వహణ సూచి ప్రకారం .. నీటి ఎద్దడి నెలకొన్న నగరాల్లో భారత్‌కి చెందినవి ఇందాకా ఉన్నాయి. హైదరాబాద్, ఢిల్లీ, బెంగుళూరు, చెన్నై వంటి నగరాల 'డే జీరో' స్థితికి చేరువలో ఉన్నాయి. సమర్థమైన జలసంరక్షణ చర్యలు చేపట్టకపోతే 2030 నాటికి దేశంలోని ప్రధాననగరాలన్నీ దాహార్తితో అల్లాడుతాయని 'వరల్డ్ వైడ్ ఫండ్' నివేదిక చెబుతున్నది. నీటి ఒత్తిడి సూచీ ప్రకారం జల సంక్షోభం ముప్పుపోయి ఉన్న దేశాల్లో భారత్ 46వ స్థానంలో ఉంది. చెన్నైలో ఇటీవలి తీవ్రనీటికొరత భారత్‌లోని పెద్ద నగరాలలో నీటి సంక్షోభం గూర్చిన ఆందోళనలకు ఆజ్యం పోసింది. జనాభా పెరుగుదల, నీటి వనరుల క్షీణత మరియు వాతావరణ మార్పుల యొక్క ప్రతికూల ప్రభావంతో ఈ నగరాలు నీటి ఒత్తిడిని ఎదుర్కొంటున్నాయి. 'వెరిస్క్ మాప్లె క్రాఫ్ట్' వారి అధ్యయనం ప్రకారం బెంగుళూర్ మరియు సూరత్‌లో నీటి డిమాండ్ అధికంగా పెరుగుతుందని తెలుస్తున్నది. ఐక్యరాజ్యసమితి అంచనా ప్రకారం 2035 నాటికి ఢిల్లీ జనాభా 43 మిలియన్లకు, చెన్నై జనాభా 15 మిలియన్లకు పెరుగుతుంది. ఈ నగరాలు తీవ్ర నీటి ఎద్దడి ఎదుర్కొంటాయని తెలుస్తున్నది. అవపాతం ఒక మి.మీ. కంటే తక్కువగా ఉన్నపుడు పెద్ద నగరాలు ఎక్కువ కరువును ఎదుర్కొంటాయని అంచనా.

**జల సంక్షోభంతో వ్యవస్థలకు సవాలు :**

భూగర్భ జలాలు అడుగంటడానికి పట్టణీకరణ, అతి నీటి వినియోగం, జల వనరుల విధ్వంసం, వాతావరణ మార్పులు కారణాలనుకున్నాం వలసలతో నగరాల్లో జనాభా పెరగడం వల్ల నీటి వినియోగం రెండింతలవుతుందని 'నీతి ఆయోగ్' నివేదిక చెబుతున్నది. సంవత్సరానికి 1.5 శాతం చొప్పున 1990 నుంచి తలసరి నీటి లభ్యత రేటు పడిపోతున్నట్లు గణాంకాలు చెబుతున్నాయి.

భారత్‌లోని నగరాల సగటు జనాభా పెరుగుదల రేటు 49 శాతం 2035 నాటికి సుమారు 95 కోట్ల జనాభా నీటి అవసరాలను పరిమిత జలవనరులతో తీర్చే

కార్యాచరణను రూపొందించడం వ్యవస్థల ముందున్న సవాలు. తీవ్ర నీటి కొరత వల్ల జీడిపికి ఏటా ఆరు శాతం నష్టం వాటిల్లుతున్నది. పారిశ్రామిక వ్యర్థాల వల్ల నగరాల్లోని నీటి వనరులు కాలుష్యం బారినపడి ప్రజారోగ్యం దెబ్బతినేలా చేస్తున్నది. 2024 నాటికి దేశమంతా కుళాయిల ద్వారా మంచి నీరందించాలని మంచినీటి సరఫరా మౌళిక వసతుల నిర్మాణం కోసం ప్రభుత్వం అమృత్ పథకాన్ని ప్రారంభించింది. వ్యవస్థీకృత లోపాలను అధికమించి ఈ పథకం విజయవంతం కావాలని ఆశిద్దాం.

### భూగర్భజలాలు అతిగా వాడడం పెద్ద సమస్య ? :

దేశంలో 64 శాతం సాగునీటి అవసరాలకు, గ్రామీణ ప్రాంతాల్లో 85 శాతం తాగునీటి అవసరాలకు, 50 శాతం పైగా పట్టణ అవసరాలకు భూగర్భజలాలలనే విరివిగా వినియోగిస్తున్నారు. ప్రపంచంలో అతి పెద్ద భూగర్భ జల వినియోగదారు భారతే. ప్రతి ఏటా సుమారు 25 వేల కోట్ల ఘనపు మీటర్లకు పైగా భూగర్భజలాన్ని విచక్షణారహితంగా తోడేస్తున్నారు. పారిశ్రామిక అవసరాల కోసం భారీ ఎత్తున భూగర్భజలానికి వినియోగించడం వల్ల కూడ తీవ్ర నీటి కొరత కారణమౌతున్నది.

### ఉరుముతున్న నీటి ఎద్దడికి పరిష్కారాలేంటి ? :

నీటికి డిమాండ్ పెరగడం అంటే జలవనరులపై ఒత్తిడి పెరగడమే. ఈ నేపథ్యంలో పటిష్టమైన జల సంరక్షణ చర్యలు అత్యంత ఆవశ్యకం. వాననీటిలో ఎనిమిది శాతమే తిరిగి భూమిలోకి ఇంకుతోంది. ప్రతి వర్షం నీటి చుక్కను ఒడిసిపట్టే ప్రయత్నం చేయాలి. పరిశ్రమల్లో సౌరవిద్యుత్ వినియోగాన్ని పెంచాలి. ఇంకుడు గుంతలను ప్రోత్సహించాలి. మురుగునీటి శుద్ధి ప్రక్రియలను మెరుగుపరచాలి. నగరాల్లోని చెరువులు, కుంటలు ఆక్రమణలను నిరోధించి త్రాగునీటి జలాశయాలుగా పునరుజ్జీవం కల్పించాలి. పౌరులు, ప్రభుత్వం సమిష్టి కృషి, పటిష్టమైన ప్రణాళికా రచన, సాంకేతికత జోడించి సమర్థనీటి నిర్వహణ సంస్థలతోనే నీటి ఎద్దడిని నివారించొచ్చు. ప్రస్తుతం నీటి వనరులు, సమాజం మరియు ఆర్థిక వ్యవస్థల మధ్య స్పష్టమైన అంతరం ఉంది. ఇప్పుడు భారీ నిల్వ ఆనకట్టల నిర్మించడం 150 కిలోమీటర్ల కంటే ఎక్కువ దూరం నుండి నీటిని తీసుకురావడం చూస్తున్నాం. దీనివల్ల కార్బన్ ఫుట్‌ప్రింట్ మరింతగా పెరుగుతున్నది. మనము నీటి కంటే భూమే

విలువైనదనుకుంటున్నాం. స్థానిక నీటి వనరులను నిర్లక్ష్యం చేస్తున్నాం. భారతీయ నగరాల్లో నీరు సరిగ్గా పంపిణీ చేయబడడం లేదు. ఉదాహరణకు ఢిల్లీలో రోజుకు 150 లీటర్ల తలసరి ప్రామాణిక మున్సిపల్ నీటి ప్రమాణం కంటే ఎక్కువ సరఫరా జరుగుతున్నది. ఇతర ప్రాంతాలలో అది 40 నుండి 50 లీటర్ల తలసరి ప్రామాణిక నీటి ప్రమాణపు సరఫరానే చూస్తున్నాం. త్రాగునీటి ప్రమాణాలు కూడా పాటించడం లేదు. ప్రపంచ ఆరోగ్య సంస్థ ఒక వ్యక్తి ప్రాథమిక అవసరాలు, ప్రాథమిక పరిశుభ్రత కోసం రోజుకు 25 లీటర్ల నీరు అవసరమని చెబుతున్నది. మిగతాది త్రాగలేని ప్రయోజనాల కోసం వాడొచ్చు. కాని ఇలా పక్కాగా సరఫరా జరగడం లేదు. నీటి లీకేజీ సమస్య కూడా ప్రభావం చూపుతున్నది. ఇలా ఆర్థిక సామర్థ్యం, పర్యావరణ స్థిరత్వంపై ప్రభావం పడుతున్నది. ఎందుకంటే 40 శాతం మేర పైపుల ద్వారా జరిగే నీటి సరఫరా వృథాగా పోతున్నది. ఈ పరిస్థితులలో శాస్త్రీయ నమూనాలతో మార్పు అవసరం. అంటే వికేంద్రీకృత విధానాలని ప్రోత్సహించాలి. నీటి సంరక్షణ, వనరుల స్థిరత్వం, నిల్వ మరియు సాధ్యమైన దగ్గరల్లా పునర్వినియోగం వంటి విషయాలపై దృష్టి సారించాలి.

**అతివృష్టితో బీభత్సం:**

గత కొన్నేళ్లుగా పట్టణాలు, నగరాలు, మహా నగరాల్లో సంభవిస్తున్న 'అర్బన్‌ఫ్లడ్స్' తీవ్ర ఆర్థిక నష్టాన్ని మిగిలిస్తున్నాయి. విస్తరిస్తున్న నగరీకరణ అపసవ్య రుతుపవనాలు ఈ బీభత్సానికి ప్రధాన కారణాలు. 1901 జనాభా లెక్కల ప్రకారం దేశంలో 11.4 శాతం పట్టణ ప్రాంతాల్లో నివసించేవారు. ప్రపంచ బ్యాంకు తాజా గణాంకాల ప్రకారం భారత్‌లో ప్రస్తుతం పట్టణాల్లో నివసిస్తున్న వారు 34 శాతం పైనే. 2030 కల్లా భారత్ జనాభా పట్టణాల్లో 40 శాతం దాటుతుందని అంచనా. కేంద్రం 2015లో స్మార్ట్ సిటీ మిషన్ పథకంతో దేశంలోని వంద నగరాల రూపు రేఖలు మార్చేందుకు సంకల్పించారు. కానీ మంజూరు చేసిన పనుల్లో ఎక్కడా వరద నివారణ పరిష్కారాలు లేవు. ఢిల్లీ, ముంబాయి, కోల్‌కతా, చెన్నై, బెంగుళూరు, హైద్రాబాద్‌తో పాటు దేశంలోని అనేక నగరాల్లో వరద సమస్య పెను ఉపద్రవంగా మారింది. కేంద్ర, రాష్ట్ర ప్రభుత్వాలు, స్థానిక సంస్థలు ఈ సమస్యకు తాత్కాలిక ఉపశమన చర్యలు చేపట్టడం మినహా శాశ్వత పరిష్కార మార్గాల్ని కనిపెట్టడం లేదు.

ఆధునిక పరిష్కారాలు వివిధ నగరాల అనుభవాలు:

- గతంలో వరదలకు అతలాకుతలమైన కొన్ని నగరాల్లో కృత్రిమమేధ, ఇంటర్నెట్ ఆఫ్ థింగ్స్, క్లౌడ్ కంప్యూటింగ్ లాంటి సాంకేతికతలను వినియోగించి స్మార్ట్ పరిష్కారాలను వెతుకుతున్నారు.
- ముంబయి వరదల బీభత్స అనుభవాలతో ముంబై నగర పాలక సంస్థ కళ్లు తెరిచి సమీకృత వరద హెచ్చరిక వ్యవస్థ (ఇన్‌ఫ్లోస్) ను అభివృద్ధి చేసింది. భారీ వర్షపాతం నమోదయిన సమయంలో వరద తీవ్రతను హెచ్చరించే ఈ విధానం ప్రయోజనకరంగా నిలుస్తోంది.
- చెన్నై వరదల గుణపాఠంగా అక్కడి ప్రభుత్వం 2019లో 'చెన్నై వరద హెచ్చరిక వ్యవస్థను' ఏర్పరచింది. వాతావరణ శాఖ సమాచారంతో అనుసంధానమై వరదల వల్ల కలిగే విపత్తును ప్రజలు, యంత్రాంగానికి తెలియజేయడం ఈ వ్యవస్థ ప్రత్యేకత.
- కర్ణాటక ప్రభుత్వం బెంగుళూరులో రూపొందించిన 'మేఘ సందేశ్ మొబైల్ అప్లికేషన్' వర్షపాతం నమోదును కచ్చితంగా అంచనా వేయడమే కాకుండా, వరదలు, పిడుగుల ప్రభావం ఎలా ఉండబోతుందో ముందే సూచిస్తుంది.
- ఢిల్లీ యంత్రాంగం వరదల నివారణకు బహుముఖ వ్యూహాన్ని సిద్ధం చేసింది. డ్రైనేజీ బృహత్తర ప్రణాళికను ఐఐటి ఢిల్లీ రూపొందించింది. ఢిల్లీ జలమండలి వరద నిర్వహణకు సాంకేతికను వినియోగించి వరదల నుంచి ఊరట పొందే మార్గాలను అన్వేషిస్తుంది.
- నగరాల్లో మారుతున్న వాతావరణ పరిస్థితులను ఎప్పటికప్పుడు అంచనా వేయడం, వర్షపాతాన్ని ముందుస్తుగా పసిగట్టడం, నాలాలు, చెరువుల, అక్రమణకు గురువుతున్న క్రమంలో యంత్రాంగాన్ని హెచ్చరించే సాంకేతిక, వరదల్లో వాహనాలు కొట్టుకుపోకుండా బహుళ అంతస్థుల పార్కింగ్ విధానం వంటిది అభివృద్ధి చేస్తే ప్రయోజనం ఉంటుంది.
- వరదలకు మూలకారణాల్ని అన్వేషించి పక్కా సమాచార వ్యవస్థను సిద్ధం చేసుకొని డేటాబేస్‌తో అనుసంధానించాలి. అందుకు తగిన నిధులను కేటాయించి దీర్ఘకాలిక ప్రణాళిక ద్వారా వరదల సమస్యకు పరిష్కారాలు వెతకాలి.

-0-0-

## 7. జలసంరక్షణ కోసం కావాలి జాతీయ స్ఫూర్తి

సమస్త జీవజాలానికి ప్రాణావసరమైన నీటిని ప్రతి ఒక్కరూ ప్రాణప్రదంగా చూసుకోవాలి. స్వాతంత్ర్యం వచ్చినప్పటి నుండి కూడా ప్రభుత్వాలు, పాలకులు, ప్రజలు జలసంరక్షణ విషయంగా తగు జాగ్రత్తలు తీసుకోకపోవడం వల్ల మనం జలగండాన్ని ఎదుర్కొంటున్నాం. జల సంరక్షణ గూర్చి నీతి ఆయోగ్, దేశవ్యాప్తంగా 60 కోట్ల మంది తీవ్ర నీటి ఎద్దడితో దురవస్థల పాలవుతున్నారని, 2030 నాటికి అందుబాటులోని నీటికంటే అవసరాలు రెండింతల అధికం కానున్నాయని, ప్రస్తుతం 70 శాతం నీటి వనరులు కలుషితమైనాయని, దీని వల్ల ఏటా రెండు లక్షల మంది దాకా అకాలమృత్యువాత పడుతున్నారని నివేదించింది. దేశ ప్రయోజనాలు ఇలా నీరుగారిపోయి, సంభవించే నష్టం ఆరుశాతంగా ఉంటుందని స్పష్టం చేసింది.

నీటి వనరులు నిర్లక్ష్యానికి గురై ప్రమాద ఘంటికలు వినిపిస్తున్నాయి. భూతాపంతో రుతువులు గతి తప్పి సమృద్ధిగా జలసిరులున్న ప్రాంతాలు కూడా వరదలు భీభత్సం చూస్తున్నాయి. **"చెరువు పూడు - ఊరు పాడు"** అనునానుడి నీటి వనరుల సంరక్షణ స్పృహను వెల్లడిస్తోంది. ప్రపంచ జనాభాలో 18 శాతంగా ఉన్న భారత్, ప్రపంచ భూభాగంలో రెండున్నర శాతం విస్తీర్ణాన్ని కలిగి ఉంది. కానీ మన జలవనరుల వాటా కేవలం నాలుగు శాతమే. భూగర్భజలాన్ని ఇష్టారీతిన తోడేయడం వల్ల మంచినీటికి కటకటలు ఏటా పెరిగిపోతున్నాయి. 70 శాతం వర్షాలు వంద రోజుల్లో కురిసిపోతున్నాయి. వాటిని జాగ్రత్తగా ఒడిసిపట్ట లేకపోతున్నాం. ఇక మిగతా రోజుల్లో నీటి అవసరాలు తీరే దారిలేక దేశ భవిష్యత్తు ప్రమాదకరంగా తయారవుతున్నది. కొన్ని దశాబ్దాల క్రితం దేశీయంగా ఏటా తలసరి నీటి లభ్యత 5000 ఘనపు మీటర్లుగా ఉంది. 2031 నాటికి తలసరి నీటి లభ్యత 1367 ఘనపు మీటర్లకు పడిపోవడమే కాదు నీటి నాణ్యత కూడా చాలా అధ్వాన్నంగా ఉండబోతుందని అధ్యయనాలు చెబుతున్నాయి. వర్షాల రూపేణా భారత్ ఏటా పొందుతున్న జలరాశి నాలుగు లక్షల కోట్ల ఘనపు మీటర్లు అయితే, అందులో మనం వినియోగించుకోగలుగుతున్నది కేవలం నాలుగోవంతే. కనీసం రెండు లక్షల కోట్ల ఘనపు మీటర్ల వాననీటిని పకడ్బందీగా శాస్త్రీయ ప్రణాళికలతో ఒడిసి పట్టగలిగితే నీటి మిగులు దేశంగా భారత్ ఉంటుంది. భారత్‌తో పోలిస్తే నాలుగోవంతు వాననీటి

వసతిగల ఇజ్రాయిల్ సంక్షోభాన్ని అవకాశంగా మలచుకొని ఆధునిక సాంకేతికతతో ఆపాయాల్ని తప్పించుకోగలిగింది. అక్కడి భగర్భ జలమట్టాల పెరుగుదల భారత్‌కు అనుసరణీయ మార్గం.

భీకర వర్షాలకు పోటెత్తిన వరదల వల్ల దేశ ప్రజానీకం ఇబ్బందుల పాలవుతున్నా సందర్భాలనేకంగా ఉన్నాయి. ఎడతెరపిలేకుండా కురిసిన వర్షాల ధాటికి దేశంలో లోతట్టు ప్రాంతాలు జలాశయాల్లా మారుతున్నాయి. పెద్ద ఎత్తున వ్యవసాయ క్షేత్రాలు నీట మునిగి రైతులు ఇబ్బంది పడుతుండగా, చాలా ప్రాంతాల్లో రవాణా వ్యవస్థకు, విద్యుత్ సరఫరాకు అంతరాయం ఏర్పడ్డ సందర్భాలు మన గమనంలో ఉంటున్నాయి. పంటనష్టం, ప్రాణనష్టాల్ని భారత వాతావరణ శాఖ ఎప్పటికప్పుడు నివేదిస్తూనే ఉన్నది. కుంభవృష్టితో లక్షలాది క్యూసిక్కుల జలరాశి సముద్రంలోకి వదిలేయబడుతున్నది. దేశంలో ఎక్కడా వరదల మూలాన విషాదం దాపురించకుండా నివారించేందుకు జాతీయ వరదల కమీషన్‌ను ఆరున్నత దశాబ్దాల క్రితమే ఏర్పరచుకున్నాం. అలాగే ప్రకృతి ఉత్పాతాలు సంభవించినప్పుడు ఆస్తి, ప్రాణనష్టాలను కనిష్ట స్థాయికి పరిమితం చేసే మౌళిక లక్షణంతో పదిహేనేండ్ల క్రితం జాతీయ విపత్తు నిర్వాహక ప్రాధికార సంస్థ ఏర్పడింది. కానీ వాటి ప్రయోజనకత్వం ఆశించినంతగా లేదు. అందుకే మనకు ఇపుడు కావల్సింది ధీటైన కార్యాచరణ.

రాష్ట్రాల మధ్య ఐకమత్యం, సౌహార్ధ స్ఫూర్తి, జాతీయతా భావనలు తగ్గిపోయి ఏ రాష్ట్రానికారాష్ట్రం అతివృష్టితోనో, అనావృష్టితోనో అలమటిస్తోంది. అంతర్రాష్ట్ర నదీజలాలు జాతిసంపద అని కావేరీ నదీజలాల పరిష్కారం సందర్భంగా సుప్రీంకోర్టు ధర్మాసనం ఉద్ఘోదించింది. అయినా వాస్తవిక కార్యాచరణతో కలసికట్టుగా ముందుకు పోవాలనే వ్యూహం కనబడడం లేదు. జాతీయ జలసంస్థ, జాతీయ జల అభివృద్ధి సంస్థలు ఇదే విషయాన్ని చెబుతున్నాయి. మిగులు జలాలున్నట్లు రాష్ట్రాలు అంగీకరించకపోవడం, ఇరుగుపొరుగు రాష్ట్రాల నడుమ భిన్న వైఖరులు, సంకుచిత ధోరణులు నదుల అనుసంధానికి గట్టి సవాళ్లుగా ముందుకొస్తున్నాయి. వీటి మళ్లింపు అనంతర పర్యావసనాలు ఘర్షణాత్మకం కాకుండా ఎలా నివారించొచ్చనేది జవాబు దొరకని ప్రశ్నగా మనముందున్నది. నదుల అనుసంధానానికి సంబంధించి ప్రత్యేక నిర్వాహక వ్యవస్థ అమలు అనేది దస్త్రాలతోనే ఉండిపోయింది. ఈ ప్రతిష్టంబనను

తొలగించేందుకు న్యాయనిపుణులతో కమిటీ ఏర్పరిస్తే ప్రస్తుత చట్టాల్లో మార్పుల అవసరం ఉండదని జాతీయ జల అభివృద్ధి సంస్థ విశ్వసిస్తూ జాతీయ జల విధానం రూపొందించడంతో పాటు నదుల అనుసంధాన అథారిటీని ఏర్పాటు చేయాలని సూచిస్తున్నది. ఇవి సత్వరం అమలు కావాలంటే కేంద్రం చిత్తశుద్ధి రాష్ట్రాల మధ్య సదవగాహన చాలా అవశ్యకం. నదుల అనుసంధాన ప్రాజెక్టులకయ్యే ఖర్చును కేంద్రం రాష్ట్రాలు 60:40 నిష్పత్తిలో భరించాలన్న నిబంధనను ప్రస్తుతం 90:10గా మార్చారు. మధ్యప్రదేశ్, కర్ణాటక, ఒడిసా రాష్ట్రాల నదుల అనుసంధానాన్ని వ్యతిరేకిస్తున్నట్లు కేంద్రానికి లేఖలు రాసాయి. దేశంలో లక్షా 87 వేల కోట్ల ఘనపు మీటర్ల జలరాశి అందుబాటులో ఉండగా, అందులో మనం వినియోగించుకోగలుగుతున్నది లక్షా 12వేల కోట్ల ఘనపు మీటర్లేనని గణాంకాలు చెబుతున్నాయి. ప్రకృతి వరప్రసాదమైన నీటి సంపద ఎంతగా వృథా అవుతున్నదో కళ్లకు కట్టినట్లుగా కనబడుతున్నది. అందుబాటులోని జలవనరుల్ని గరిష్టంగా సద్వినియోగం చేసుకోవడంలో అలసత్వం భిన్న రాష్ట్రాల్లో, ఒకే రాష్ట్రంలోని వేర్వేరు ప్రాంతాల్లో కరువు కాటకాలకు వరదలు ముంచెత్తడానికి కారణమౌతున్నాయి. అందుకే నదుల అనుసంధాన విషయంగా జాతీయ స్ఫూర్తితో ముందుకు సాగడం, రాష్ట్రాల సంఘటిత స్ఫూర్తి ప్రదర్శించడం నేడు అత్యవసరం.

Source: www.kadvacorp.com -0-0-

## 8. నదుల అనుసంధానంతోనే సుస్థిరాభివృద్ధి

ప్రకృతి ప్రసాదించిన సహజ వనరులన్నింటా నీరు అత్యంత విలువైనది. ప్రపంచంలో మానవులతో పాటు అన్ని జీవరాసుల మనుగడకూ ఇది ఎంతో కీలకం. అత్యంత విలువైన నీటిని సక్రమంగా వాడుకోవడంలో విఫలమవుతున్నాం. భారత్‌లో అందుబాటులో ఉన్న నీటి వనరుల్లో కేవలం 28 శాతం మాత్రమే వినియోగించబడుతూ మిగిలిన 72 శాతం సముద్రంలో కలుస్తున్నది. ఉత్తర భారత్‌లోని నదులను దక్షిణాది నదులతో అనుసంధానిస్తే భారత్‌లో ప్రతి ఏటా పెరుగుతున్న నీటి ఎద్దడి తగ్గుతుందనే ఆలోచనలకు ఇప్పుడు ప్రాధాన్యత సంరించుకుంటున్నాయి. వేసవిలో కరువు పరిస్థితులు పెరుగుతున్నాయి. దేశంలోని మూడొంతుల జనాభా క్షామ పరిస్థితుల నెదుర్కొంటున్నది. ఒక అంచనా ప్రకారం దేశంలోని సుమారు పది రాష్ట్రాల్లోని 254 జిల్లాల్లో క్షామం తాండవిస్తోంది. ఆయా జిల్లాల్లో నీటిమట్టాలు పడిపోతున్నట్లు గణాంకాలు చెబుతున్నాయి. వేసవిలో సూర్యప్రతాపానికి నీటి వనరులెన్నో నిండిపోతున్నాయి. దేశవ్యాప్తంగా ఉపరితల నీటిని విపరీతంగా వినియోగించడం, భూగర్భ జలాలను అపరిమితంగా తోడేయడం, భూమిలోకి నీరు ఇంకించే చర్యల గూర్చి నిర్లక్ష్యం తీవ్ర నీటి సంక్షోభానికి దారి తీస్తున్నాయి. భూగర్భజలాలు అడుగంటుతుండడం వల్ల నదుల్లో నీటి ప్రవాహం గణనీయంగా తగ్గింది. అపరిమిత నీటి వాడకం వల్ల 2050 నాటికి ఇపుడున్న నీటి వనరుల్లో 79 శాతం కనుమరుగౌతాయని ఈ పరిస్థితి పర్యావరణానికి తీవ్ర హాని కలిగిస్తుందని అధ్యయనాలు ఘోషిస్తున్నాయి. దేశవ్యాప్తంగా 91 పెద్ద జలాశయాల సామర్థ్యం 157 వందల కోట్ల పై చిలుకు ఘనపుమీటర్లు కానీ కేంద్ర జల మంత్రిత్వశాఖ గణాంకాల ప్రకారం ప్రస్తుతం కేవలం 35 వందల కోట్లకు పైగా ఘనపు మీటర్ల నీరు మాత్రమే అందుబాటులో ఉంది. అలాగే ప్రస్తుత దేశంలో 40 శాతం బావుల్లో నీళ్లు అడుగంటడమో లేదా ఆ బావులు ఎండిపోవడమో జరుగుతున్నది. నదుల అనుంధానం వల్ల వరదలను సమర్థంగా నియంత్రించవచ్చు. భూగర్భజలాలను రీచార్జ్ చేయవచ్చు. కరువు ప్రాంతాలకు సాగునీటిని అందించవచ్చు. దేశవ్యాప్తంగా నీటి మార్గంలో రవాణాకు అవకాశం ఏర్పడుతుంది.

**చెరువుల, నదుల సంరక్షణ నేటి తక్షణ అవసరం :**

వర్షపు నీటిని ఒడిసి పట్టేందుకు పూర్వం తవ్విన మెట్లబావులు, చెరువులు, వంటి నీటి సేకరణ నిర్మాణాలు ఇప్పటికీ ఉపయోగపడుతున్నాయి. కాని వాటిని సంరక్షించడంలో నిర్లక్ష్యం ఉంది. చెరువుల ద్వారా సాగుచేస్తున్న రాష్ట్రాల్లో తమిళనాడు, పశ్చిమబెంగ, ఛత్తీస్‌గఢ్‌లను ఆదర్శంగా తీసుకోవచ్చు. ఈ రాష్ట్రాల్లో ఇప్పటికీ నదులు లేని చాలా గ్రామాల్లో చెరువు నీరు వ్యవసాయానికి ఆధారం. నానాటికి పెరుగుతున్న భూతాపంతో నదులు, చెరువులు, బావులు క్రమేణా అంతరించే స్థాయికి చేరుకున్నాయి. పురాతన సరస్వతి నది అంతరించిపోతున్నది. అమూల్యమైన నీటి వనరులను పునరుద్ధరించకుండా బ్రిటీష్ ప్రభుత్వం పన్నుల రూపంలో ఆదాయాన్ని పెంపొందించుకోవడానికి ప్రజానిధులతో భారీ ఆనకట్టలు నిర్మించింది. స్వాతంత్ర్యం వచ్చాక కూడా ఆనకట్టల అనుసంధానిత కాలువల నీటిపారుదల విధానం మనదేశంలో కీలకమైనది.

పెరుగుతున్న జనాభా నీటి అవసరాలను తీర్చేందుకు ఆనకట్టలే సముచితమన్న భావనతో వీటికి పంచవర్ష ప్రణాళికల్లో కూడా పెద్దపీట వేశారు. నర్మదానది మీద అత్యంత ఎత్తయిన సర్దార్ సరోవర్ ఆనకట్టతో పాటు 30 పెద్ద ఆనకట్టలు, 135 మధ్య తరహా మూడువేల చిన్న ఆనకట్టలు నిర్మించాలని నర్మద ట్రిబ్యునల్ నిర్ణయించింది. ఈ జలాశయాల వల్ల చాలా గ్రామాలు, అడవులు ముంపుకు గురయ్యాయి. పెద్ద ఆనకట్టలు నికర సాగునీటి అవసరాలను తీర్చినప్పటికీ ముంపు ప్రాంతాలలో పర్యావరణ అసమతౌల్యం, పునరావాసం వంటి సమస్యలు ఉత్పన్నమౌతున్నాయి. అందుకే జీవనదుల పరిరక్షణతో పాటు, చెరువులు, గుంటలు, నీటి బుగ్గలను పునరుద్ధరించడం ద్వారా పర్యావరణ సంరక్షణ సాధ్యమవుతుంది. విధ్వంసకర నీటి అభివృద్ధి ప్రాజెక్టులను వ్యతిరేకించాలి. నదుల పరిరక్షణలో భాగంగా ప్రతి సంవత్సరం నవంబర్ నాలుగో తేదీని "జాతీయ నదీ దినోత్సవం"గా నిర్వహిస్తారు. ఈ రోజున నదుల పరిరక్షణ గూర్చి ఆ రంగ ప్రముఖులను ఆహ్వానించి సెమినార్లు, వర్క్‌షాపులు నిర్వహిస్తారు. నదుల చరిత్ర, ఇతిహాసాలు, జానపదుల తదితర అంశాలపై ప్రదర్శనలు, ప్రతిభాపాటవ పోటీలు నిర్వహిస్తారు. ప్రజల్లో నీటిని వృథా చేయకుండా పొదుపుగా వాడుకోవాలి, పర్యావరణ హితకరమైన ఉపకరణాలు

వినియోగించాలి. నదుల్లో ప్లాస్టిక్ వ్యర్థాలు చేరకుండా తగుజాగ్రత్తలు తీసుకోవాలి. చెట్లను నాటడం ద్వారా భావితరాలను కరువు, కాటకాల నుంచి, వాతావరణ మార్పుల నుంచి కాపాడుకోవచ్చునే స్పృహను కల్గిస్తారు. పౌర సమాజం భాగస్వామ్యంతోనే నదుల సంరక్షణ, పర్యావరణ పరిరక్షణ, సుస్థిర అభివృద్ధి సాధించగలం. ప్రభుత్వాలు పాలకులు నదుల అనుసంధానాన్ని శాస్త్రీయంగా చేపడితే జలకళ భారత్‌లో వెల్లివిరిస్తుంది.

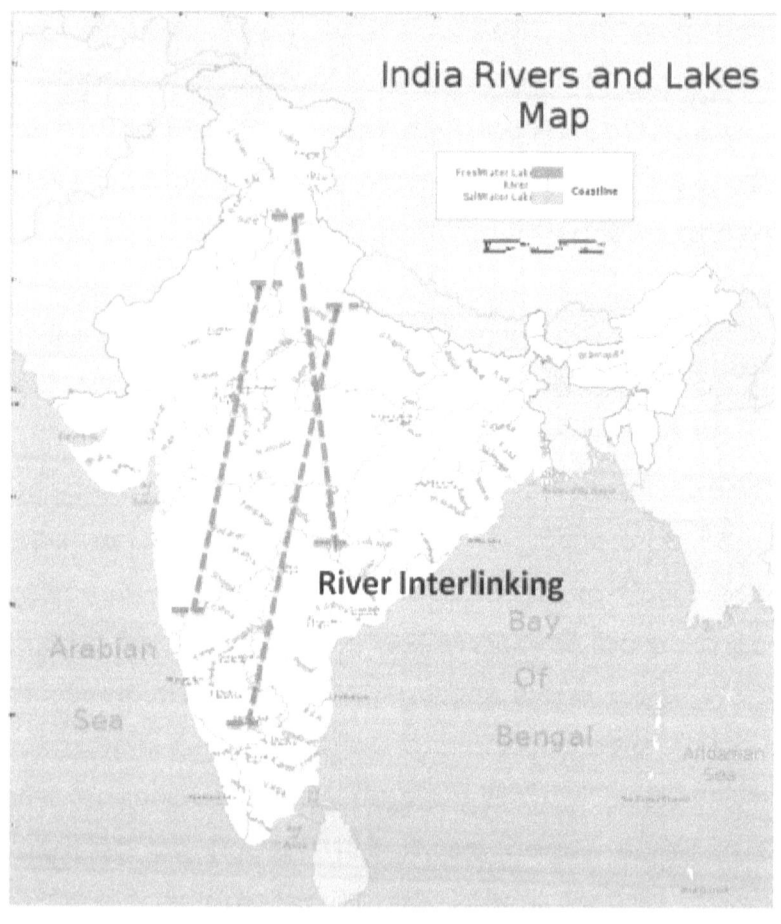

Source:http://en.wikipedia.org/wiki/File:India_rivers_and_lakes_map.svg

-0-0-

## 9. చేపల చెరువుల కాలుష్యం - ప్రజారోగ్యం పై ప్రభావం

ప్రపంచ వ్యాప్తంగా వినియోగించే జలచరాల ఆహారంలో దాదాపు సగం ఆక్వాకల్చర్ నుండి వస్తుంది. ఇలాంటి ఆహార ఉత్పత్తి పద్ధతులు ఇటీవలికాలంలో వేగంగా విస్తరించాయి. ప్రస్తుతం ప్రపంచయావత్తు అంటువ్యాధుల మహమ్మారిని ఎదుర్కొనేందుకు జలచరాల ఆహార వినియోగాన్ని పెంచేందుకు ప్రతిపాదనలు చేస్తున్నారు. అయితే కొన్ని రకాల ఆక్వాకల్చర్ ఉత్పత్తులతో ప్రజారోగ్య, పర్యావరణ, సామాజిక సవాళ్లు ఎదురౌతున్నాయి. ఈ సంక్లిష్ట సమస్యలను ఎదుర్కొనేందుకు "వన్‌హెల్త్ కాన్సెప్ట్" అనే సమగ్ర విధానాన్ని ముందుకు తీసుకొస్తున్నారు. దీనితో జూనోటిక్ వ్యాధులను ఎదుర్కొనేందుకు పశువైద్య మరియు మానవ ఆరోగ్య నిపుణులు ఒకరికొకరు సహకారం అందించుకుంటారు. ప్రజారోగ్యం, జంతువుల ఆరోగ్యం మరియు జీవావరణ శాస్త్రం యొక్క ప్రమాదాలను, వీటిని తగ్గిస్తే శాస్త్రీయ పద్ధతులను ఉపయోగించి, జలచరాల ఆహార ఉత్పత్తుల వినియోగం మరియు ఆక్వాకల్చర్ విస్తరించడంలో వీరు ముఖ్యమైన పాత్ర పోషిస్తారు.

### జలచరాల నుంచి ముప్పు ఎందుకు?

తీరప్రాంతాలు ఎక్కువగా ఉన్న దేశాల్లో జలచరాలను ఆహారంగా తీసుకునే అలవాటు ఎక్కువగా ఉంటుంది. భారత్‌లో సువిశాల తీరప్రాంతం ఉంది. చెరువులు, కాల్వలు ఎక్కువే. అందుకే ఇక్కడ చేపలు, రొయ్యల పెంపకం పెద్ద స్థాయిలో జరుగుతుంది. పలురాష్ట్రాల్లో వీటిని పెంచడంతో పాటు వివిధ దేశాలకూ ఎగుమతి చేస్తారు. వీటివల్ల భారత్‌కు విదేశీమారక ద్రవ్యమూ పెద్దమొత్తంలోనే లభిస్తుంది. కానీ, ఈ మత్స్య సంపద విషయంలో సరికొత్త భయాలు మొదలవుతున్నాయి. భారత్‌లోని పది రాష్ట్రాల్లో ఉన్న 240 పై చిలుకు చేపల చెరువుల్లో పెద్ద మొత్తంలో సీసం, కాడ్మియం ఉన్నాయని తాజా పరిశోధనల గణాంకాలు చెబుతున్నాయి. వీటి వల్ల ప్రజారోగ్యానికి ముప్పు ఉందని పర్యావరణము దెబ్బతింటుందని నిపుణులంటున్నారు. చేపలు చెరువుల నీటినాణ్యత విషయంలో తమిళనాడు, బీహార్, ఒడిశా, ఆంధ్రప్రదేశ్, పశ్చిమ బంగా, పుదుచ్చేరి లాంటి రాష్ట్రాలలోని చెరువుల్లో నీటి కాలుష్యం తీవ్రస్థాయిలో ఉంది. ఈ చెరువుల్లో పెరిగే చేపలు, రొయ్యలు ఇతర జలచరాలను తినడం వల్ల పలు ఆరోగ్య

సమస్యలొస్తున్నాయని అధ్యయనాలు చెబుతున్నాయి. చేపల చెరువుల్లో ఉండే సీసం, కాడ్మియం చేపల కణాల్లోకి త్వరగా చేరుతాయి. ఈ చేపలను తిన్నపుడు మానవులకు దీర్ఘకాలిక ఆరోగ్య సమస్యలొస్తాయి. పిల్లలు, గర్భవతులు, వృద్ధులు ఈ పదార్థాలన్నీ చేపలను తింటే వాళ్ల ఆరోగ్యంపై ప్రభావం చాలా తొందరగా కనిపిస్తుందని వైద్య నిపుణులంటున్నారు. నార్వేలో పెంచే సాల్మన్ చేపలలో సీసం, కాడ్మియం లోహాలు అనుమతించిన స్థాయి కంటే ఎక్కువగా ఉన్నాయని రుజువు కావడం వల్ల చాలా దేశాలు వీటి దిగుమతిని రద్దుచేశాయి. ఈ చెరువుల్లో నత్రజనిని పెద్ద మొత్తంలో వాడుతారు. అలా వాటిల్లో నాచు కూడ బాగా పెరుగుతుంది. చెరువుల ఉపరితలాల్లో నాచు లాంటి పదార్థాలు చేరడం వల్ల కింది ప్రాంతాలకు తగినంత ఆక్సిజన్ అందదు. ఇది చేపల పెరుగుదలపై ప్రభావం చూపుతుంది.

ఒకప్పుడు కాలువల ద్వారా వచ్చే నీటితో పంట చేలల్లో చేపలు ఎగిసిపడేవి. అధిక మోతాదులో రసాయనిక ఎరువుల క్రిమిసంహారక మందుల వాడకంతో నీరు విషతుల్యమై చేలల్లో మచ్చుకైనా చాపలు కానరావడం లేదు. చేపల పెరుగుదలకు హార్మోన్లు ఆంటీబయాటిక్‌లు వాడుతారు ఇది కూడా ప్రజారోగ్యానికి ప్రమాదం. దీని వల్ల "యాంటీ మైక్రోబయల్ రెసిస్టెన్స్" సమస్యలొస్తున్నాయని వైద్యరంగ నిపుణులంటున్నారు. ఇంకా ఉత్పత్తిని పెంచేందుకు మందులు, రసాయనాలు వాడడం, చేపలను నిల్వ ఉంచేందుకు ఫార్మాలిన్ వాడకం కూడా తీవ్ర ప్రజారోగ్య సమస్యలకు కారణమౌతున్నాయి. చెరువుల్లో చేపలు విసర్జించే వ్యర్థాలతో కూడా కాలుష్యం పెరుగుతున్నది. ఈ వ్యర్థాల నిర్వహణ, జలచరాల పెంపకం విషయంలో నియంత్రణ ఉండాలి.

## ప్రభుత్వాలు కాలుష్య నియంత్రణ చర్యలకు పూనుకోవాలి :

వ్యర్థాలను ఎప్పటికప్పుడు శుభ్రం చేసే వ్యవస్థల ఏర్పాటుకు ప్రభుత్వాలు ఆలోచించాలి. చేపలు, రొయ్యల వ్యర్థాలను కాలువలు, చెరువులు సమీపంలో పారేయడంతో తీవ్రమైన పర్యావరణ సమస్యలొస్తాయి. జలచరాల పెంపకం విషయంల ప్రభుత్వాలు నియంత్రణ వ్యవస్థలను రూపొందించాలి. విచ్చలవిడిగా రసాయనాలు, యాంటీబయాటిక్స్ లాంటివి వాడకుండా నియంత్రించే కార్యాచరణ చేయాలి.

-0-0-

## 10. సుస్థిర సాగు విధానాలతోనే నీటి అతివినియోగానికి అడ్డుకట్ట

ప్రకృతివనరుల్లో గాలి తర్వాత నీరే వేగంగా కలుషితమవుతోంది. భూమిపై ఉన్న నదులు, కాలువలు, సరస్సులు, చెరువుల్లో, ఏరులతో పాటు భూగర్భజలాలూ కాలుష్యం బారిన పడుతున్నాయి. ఇప్పటికే 60 శాతం నీటివనరులు కలుషితమయ్యాయి. ఈ పరిస్థితిని నియంత్రించకపోతే 2050 నాటికి భూమ్మీద ఈ నీరే విషమవుతుందని తాజా గణాంకాలు హెచ్చరిస్తున్నాయి.

"ఓపెన్ ఇండెక్స్ హెల్త్" బృందం ప్రపంచవ్యాప్తంగా 171 దేశాల్లో చేసిన సర్వేలో, జల సంరక్షణ విషయంగా భారత్ 162వ స్థానంలో ఉంది. మన దేశంలో నీటి కాలుష్యానికి పట్టణీకరణ, పారిశ్రామికీకరణ, శాస్త్రీయ సాగు విధానాలు లేక వ్యవసాయంలో రసాయనాలు అతిగా వాడడం, పారిశుధ్య వ్యర్థాలు ప్రధాన కారకాలుగా చెప్పొచ్చు. రసాయన జలాలు నదుల్లోకి, నదుల్లో కలుషితమైన నీరు పొలాల్లోకి చేరి నీటి గరళ గాఢతను పెంచుతున్నాయి. ఈ కలుషిత నీటిని వినియోగించిన జీవజాలం, అవి అందించే పదార్థాల్లోకి చేరి దుష్ప్రభావాలను కలుగజేస్తున్నాయి.

నిజానికి ధరిత్రి ఒక పెద్ద వడపోత యంత్రంలాంటిది. ఎంతటి వ్యర్థ జలాలనైనా వడకట్టి, శుద్ధజలాలను భూమిలోకి ఇంకించి వ్యర్థాలను తనలో కలుపుకొని కొన్నాళ్ళకు మట్టిగా మార్చుతుంది. మట్టితో కూడిన చిన్న కాలువలు, మురికి కాలువలు కనుమరుగైపోతున్న ప్రస్తుతం తరుణంలో మనుషులు వినియోగించిన నీరు, వ్యర్థ జలాలు, కాంక్రీట్ మురుగు కాలువలు, ప్లాస్టిక్ గొట్టాల ద్వారా భూమిలో ఇంకే పరిస్థితి లేకుండా నేరుగా జలాశయాల్లో కలుస్తున్నాయి.

**సుస్థిర సాగు విధానాలే అనుసరణీయం :**

ఆర్థిక వ్యవస్థలు ఢీలాపడ్డపుడు కూడా వ్యవసాయరంగం చక్కటి వృద్ధిని నమోదు చేసిన పరిస్థితులు మనదేశానికున్నాయి. కానీ భవిష్యత్తులో ఇదే కొనసాగుతుందని ఆశించే పరిస్థితులు లేవు. అస్తవ్యస్థ వర్షాలు, భూగర్భజలాల అతివినియోగం, భూసార క్షీణత లాంటి సమస్యలు సేద్యానికి వెంటాడుతున్నాయి. దేశంలోని సాగుభూముల్లో దాదాపు 60 శాతం వర్షాధారమే కాబట్టి రైతుకు రుతుపవనాల అనుగ్రహం చాలా అవసరం. సాగునీటి అవసరాలకు తగ్గట్లు మన

ఆనకట్టల సామర్ధ్యం లేకపోవడం వల్ల మన మెజారిటీ రైతాంగం భూగర్భజలాలపై ఆధారపడుతున్నారు. ఇది సేద్యం, ఉత్పాదకతలపై తీవ్ర ప్రభావం చూపుతున్నది. భారత్‌లో ఒక హెక్టారు వరి పంటకు **1.61** లక్షల ఘనపుటడుగులు, చెరకుకు **3.16** లక్షల ఘనపుమీటర్లు, నూనె గింజల పంటలకు **96.20** వేల ఘనపుటడుగుల నీటిని ఉపయోగిస్తారు. ఇలా వ్యవసాయానికి ఎక్కువ మొత్తంలో నీటిని ఉపయోగిస్తారు. అలా ఇతర రంగాల అవసరాలను తీర్చడంలో మనము ఇబ్బందుల నెదుర్కొంటునానము. అందుకే రైతుకు లాభదాయకమైన పంటలకు, నీటి వినియోగం తక్కువగా ఉండే పంటలకు శాస్త్రీయ ఆలోచనలు చేసి, నీరు ఎక్కువగా అవసరం అయ్యే పంటలకు నీటి లభ్యత వినియోగం గూర్చిన శాస్త్రీయమైన అంచనాలు వేస్తే ఆహారభద్రత, ఉత్పాదకతలకు లోటుండదు. ఇలా సాగునీటి అవసరాలను ఆదా చేస్తే ఇతర రంగాలకు మళ్లించవచ్చు. దేశీయంగా **2010**లో **33.51** లక్షల కోట్ల ఘనపుటడుగుల నీటిని వివిధ అవసరాలకు వినియోగించగా **2040** నాటికి అది **37.36** లక్షల కోట్ల ఘనపుటడుగులకు చేరుతుందని అంచనా. రానున్న రెండు దశాబ్ధాలలో జలవినియోగం వాటా **77** శాతం నుంచి **81** శాతానికి పెరుగొచ్చు. ఇందులో ఎంత నీటిని ఆదా చేయగలిగితే అంత మేరకు పట్టణ భారతంలో నీటికొరత తగ్గుతుంది.

**ఇందుకోసం ఏమి చేయాలి?**

సేద్యంలో నీటి వృథానివారణపై దృష్టి సారించాలి. ఆదా చేసిన నీటిని ఇతర రంగాలకు సక్రమంగా పంపిణీ చేయాలి. పంటల మార్పిడి, ఆగ్రో ఫారెస్ట్రీ, వాననీటి సేకరణ పద్ధతులతో సాగుచేయడం పెరగాలి. సేంద్రీయ వ్యవసాయంపై కూడా దృష్టిసారించాలి. మనదేశంలో వినియోగావసరాలకు తగ్గట్టుగా నూనె గింజల ఉత్పత్తి లేదు. దేశీయ నూనె అవసరాల్లో 60 శాతం దిగుమతుల రూపంలోనే వస్తున్నాయి. నూనె ఉత్పత్తులపై సుంకాలు ఎక్కువగా ఉన్నాయి. ఈ దిశన ప్రభుత్వాలు సుంకాలు తగ్గించాలి. అప్పుడే రైతులు నూనెగింజల ఉత్పత్తిపై దృష్టి సారిస్తారు. సుస్థిర వ్యవసాయంపై రైతులకు అవగాహన పెంచాలి. సాగును కేవలం ఉత్పత్తి, ఆదాయం కోణాల్లోనే చూడకూడదు. రసాయన ఎరువుల వాడకం తగ్గించాలి. అప్పుడే జీవవైవిధ్యం, ప్రజారోగ్యం మెరుగుపడుతుంది. పంట సామర్ధ్యాన్ని పెంపొందించే దిశన ప్రత్యామ్నాయ పరిశోధనలు చేయాలి.

-0-0-

## 11. ప్రమాదకరస్థాయిలో ఇసుక తవ్వకాలు

దేశంలో నదీపరివాహక ప్రాంతాలు, సముద్రతీరాల్లో అడ్డగోలుగా సాగుతున్న ఇసుక తవ్వకాలు - పర్యావరణ వ్యవస్థకు, జీవవైవిధ్యానికి తీవ్ర నష్టం కలిగిస్తున్నాయి. ప్రకృతి సమతుల్యాన్ని దెబ్బతీస్తున్న తవ్వకాలను నియంత్రించడం, విపరీతంగా పెరుగుతున్న డిమాండుకు తగినట్లుగా ఇసుకను సమకూర్చడంలో చాలా ఇబ్బందులు కలుగుతున్నాయి. ప్రపంచంలో చైనా తర్వాత భారత్‌లోనే ఇసుక వినియోగం ఎక్కువ. దేశంలో 70 కోట్ల టన్నుల ఇసుకకు గిరాకీ ఉందని కేంద్ర మైనింగ్ ముసాయిదా 2018 పేర్కొంది. ఆంధ్రప్రదేశ్ 3.2 కోట్ల టన్నులు, తెలంగాణ 2 కోట్ల టన్నులు ఇసుకను వినియోగిస్తున్నాయి. పెరుగుతున్న డిమాండ్ దృష్ట్యా ప్రస్తుతం ఉన్న ఇసుక నిల్వలు ఏమాత్రం సరిపోవడం లేదు.

పర్యావరణ వ్యవస్థలకు హాని :

భారత్‌లో గత 70 ఏండ్లుగా కాంక్రీటు నిర్మాణాల కారణంగా ఇసుక వినియోగం పెరిగింది. నదులు, జలాశయాలు, సముద్రతీరప్రాంతాల్లో ఇసుక తవ్వకాలు విచ్చలవిడిగా సాగుతున్నాయి. నదులు, జలాశయాల ప్రాంతాల్లో లభించే ఇసుకను భవన నిర్మాణాల్లో వినియోగిస్తుండగా - సముద్ర తీరాల్లో వెలికితీసే ఇసుకలో జర్కోనియం, టైటానియం, థోరియం వంటి పరిశ్రమల్లో వినియోగించే విలువైన ఖనిజవనరులుంటాయి. ఇసుకలో లభించే సిలికాను గ్లాసు తయారీలో వాడుతారు. పెరుగుతున్న అవసరాలకు తగినట్లుగా ప్రత్యామ్నాయ పర్యావరణ హితకరమైన నిర్మాణాలపై అవగాహన జరగడం లేదు. దీంతో ఇసుక వనరులపై విపరీతంగా ఒత్తిడి పెరుగుతోంది. దేశవ్యాప్తంగా అనేక రాష్ట్రాల్లో చిన్న మధ్యస్థాయి నదీప్రాంతాల్లో ఇసుక తవ్వకాలు విచ్చలవిడిగా సాగాయి. మితిమీరి సాగించే ప్రకృతి వనరుల వెలికితీత పర్యావరణ వ్యవస్థలకు, జీవ వైవిధ్యానికి అంతులేని నష్టం చేకూరుస్తున్నది. ఇసుక వంటి సహజ వనరుల తవ్వకాల్లో సుస్థిర పద్ధతిలో పొదుపు పాటించాలి. ఈ మధ్యలో పశ్చిమ, తూర్పు కనుమల్లో వచ్చిన వరదలకు కారణం ప్రమాదకర స్థాయిలో ఇసుక తవ్వకాలే. దీనివల్ల నదుల ప్రవాహ స్థితిగతులు మారిపోయి జనావాసాల్లోకి జలం విరుచుకుపడుతుంది. సముద్ర ప్రాంతాల్లో ఇసుక తవ్వకాల వల్ల అరుదైన

జీవజాలం, పగడపు దిబ్బలు, సున్నితమైన తీర వ్యవస్థల మనుగడ ప్రమాదంలో పడింది. పర్యాటక ప్రాంతాల రూపురేఖలు మారి ఆదాయం కోల్పోయే పరిస్థితులు నెలకొంటున్నాయి.

**మార్గదర్శకాలు పక్కాగా అమలు చేయాలి :**

ఇసుక తవ్వకాల కోసం నియమాలు రూపొందించడం, అమలు చేయడం రాష్ట్రప్రభుత్వ ఆధీనంలో ఉంది. దేశంలోని చిన్న, పెద్ద నదుల పరీవాహక ప్రాంతాల్లో భారీస్థాయిలో జరుగుతున్న ఇసుక తవ్వకాల నియంత్రణ కోసం జాతీయ హరిత ట్రిబ్యునల్లు, న్యాయస్థానాలు స్పష్టమైన ఆదేశాలిచ్చాయి. కేంద్ర, పర్యావరణ, అటవీ మంత్రిత్వ శాఖ సుస్థిర ఇసుక తవ్వకాలు, యాజమాన్య పద్ధతుల కోసం 2016లో రాష్ట్రాలు అమలుచేసేలా మార్గదర్శకాలిచ్చింది. కానీ క్షేత్రస్థాయిలో ఇవేవీ సరిగ్గా అమలు కావడం లేదనేది స్పష్టమైన విషయం. ప్రభుత్వ ఆదాయానికి కూడా గండి పడుతున్నది. క్షేత్రస్థాయిలో అక్రమాలను నిరోధించేందుకు వాస్తవ దృక్పథంతో నిబంధనలు, విధానాలు తీసుకురావాలి.

సుస్థిర పర్యావరణం దృష్ట్యా ఒక హెక్టారు విస్తీర్ణంలో ఏడాదికి 60 వేల టన్నుల ఇసుక మాత్రమే తీయాలి. ఇసుకను పరిమితికి మించి వాడితే నదిరూపు కోల్పోయి, పరీవాహక ప్రాంతం ఎండిపోతుంది. ఒక మీటరు లోతు, 100 మీటర్ల వెడల్పు, ఒక కిలోమీటరు పొడవైన ఇసుక బెడ్‌లో 15 లక్షల లీటర్ల నీరు నిల్వ ఉంటుంది. దీన్ని పూర్తిగా తొలగిస్తే గట్టిమట్టి పైకి తేలి ఎన్నో సూక్ష్మజీవులు అంతరించిపోతాయి. ఒడ్డు కోతకు గురవుతుంది. అందుకే ప్రభుత్వ అజమాయిషీలోనే తవ్వకాలు చేబట్టి ప్రత్యేక టాస్క్‌ఫోర్సులతో నియంత్రణను పటిష్టం చేయాలి. అవసరాలకు తగిన రీతిలో ఇసుకను సమకూర్చడం, క్షేత్రస్థాయి పరిస్థితులు పర్యవేక్షణ లోపాలను సరిదిద్దుకుంటూ మెరుగైన ఫలితాలు పొందవచ్చు. ప్రభుత్వాలు ఇసుకను ఆదాయ వనరుగా కాకుండా, పర్యావరణ సమతౌల్యాన్ని కాపాడే ప్రకృతి వనరుగా భావించాలి. ఇసుక తవ్వకాలతో సంబంధం ఉన్న ప్రభుత్వ శాఖలైన రెవిన్యూ, పోలీసు, నీటి పారుదల, పంచాయితీరాజ్ శాఖల సిబ్బంది పారదర్శకంగా జవాబుదారీతనంతో పనిచేయాలి. నదీ పరీవాహక ప్రాంతాలు, అటవీ ప్రాంతాల పరిరక్షణలో పౌర సమాజం భాగస్వామ్యాన్ని పెంచి సుస్థిర ప్రాతిపదికన ఇసుక తవ్వకాలు సాగేలా పటిష్ట కార్యాచరణ చేయాలి. -0-0-

## 12. వాతావరణ మార్పులతో అనివార్యమౌతున్న డ్యామ్‌ల క్షీణత

ప్రపంచంలోని భారీ ఆనకట్టల్లో 93 శాతం కేవలం 25 దేశాల్లోనే ఉన్నాయి. 1970 వరకు ఆసియా, ఐరోపా, ఉత్తర అమెరికాలలో భారీ ఆనకట్టలు నిర్మించారు. అలాగే 1980 వరకు ఆఫ్రికాలో భారీ డ్యాములు నిర్మించారు. ప్రపంచవ్యాప్తంగా 50 శాతం ఆనకట్టల నిర్మాణం పూర్తి అయిన దరిమిలా ప్రస్తుతం పెద్ద ఆనకట్టల నిర్మాణానికి అనువైన ప్రదేశాలు లేకుండా పోయాయి. ప్రపంచవ్యాప్తంగా ఆనకట్టలు నిలిపి ఉంచిన నీటి పరిమాణం 7000-8300 ఘనపు కిలోమీటర్ల వరకుండొచ్చు. సంవత్సరాలు గడిస్తున్న కొద్దీ ఇంతటి జలరాశిని పట్టి నిలపగల శక్తి మానవ నిర్మాణాలకు క్రమంగా తగ్గుతుంది. డ్యామ్‌ల వయస్సు పెరుగుతున్న కొద్దీ వాటి నీటి నిభాయింపు శక్తి క్షీణిస్తుంది.

వాతావరణ మార్పుల ప్రభావం, ఆనకట్టలు నిర్మించి చాలా సంవత్సరాలు గడిచి పాతబడడం వల్ల ప్రపంచంలోని 58,700 భారీ ఆనకట్టలు చాలావరకు ప్రమాదంలో ఉన్నాయని ఐక్యరాజ్యసమితికి చెందిన నీరు, పర్యావరణం, ఆరోగ్య వ్యవహారాల పరిశోధన సంస్థ నివేదించింది. ప్రపంచంలోని భారీ ఆనకట్టలలో 32,716 ఆనకట్టలు అంటే 55 శాతం మేర చైనా, భారత్, జపాన్, దక్షిణ కొరియాలలోనే ఉన్నాయి. వీటన్నిటి వయస్సు దాదాపు 50 సంవత్సరాలుగా ఉన్నది.

### వాతావరణ మార్పులతో ప్రతికూలతలు :

నాణ్యతతో కూడిన కట్టడాలు 100 ఏళ్లపాటునించి ఉండగలవు. కానీ వాతావరణ మార్పులు, గాలి కాలుష్యం వల్ల 50 ఏళ్ళ తరువాతి నుండి ఇవి ప్రతికూలతను ఎదుర్కొంటున్నాయి. డ్యామ్‌ల నిర్మాణానికి వాడిన ఉక్కు, కాంక్రీటు వంటివి పాతబడడం, రిపేర్లు, నిర్వహణ ఖర్చులు పెరిగిపోతుండడం వల్ల ప్రజాభద్రతకు, పర్యావరణానికి ముప్పు వాటిల్లే ప్రమాదం ఉంది. అందుకే డ్యామ్‌లను కూల్చి నదుల సహజ ప్రవాహగతిని పునరుద్ధరించడం అనివార్యం అవుతున్నది.

### అమెరికా, ఐరోపాలు తీసుకుంటున్న ముందు జాగ్రత్తలు :

అమెరికా, ఐరోపాలలో ఈ రకమైన డ్యామ్‌లపై వాతావరణ మార్పులు చూపే

ప్రభావాన్ని గమనించుకుంటూ క్రమం తప్పకుండా తనిఖీలు, మరమ్మతుల వంటి నివారణ చర్యలు తీసుకుంటున్నారు. పర్యావరణానికి, పరిసర జీవరాశులకు ముప్పు వాటిల్లకుండా తగు జాగ్రత్తలు తీసుకుంటున్నారు. అమెరికాలోని 90,580 చిన్న పెద్ద ఆనకట్టల సగటు వయస్సు 56 ఏండ్లు. ఈ ఆనకట్టలు కూలితే తీవ్రనష్టం జరుగుతుంది. అందుకే గడిచిన 30 ఏండ్లలో అమెరికాలో 1275 ఆనకట్టలను కూల్చారు.

**భారత్‌లో డ్యామ్‌ల గూర్చిన సమీక్ష చేయడం అత్యవసరం :**

ప్రస్తుతానికి భారతీయ డ్యామ్‌ల సగటు వయసు 42 ఏండ్లు. కేంద్ర జలసంఘం అధికార గణాంకాల ప్రకారం భారత్‌లో 2019 నాటికి 5,334 భారీ ఆనకట్టలుండగా, కొత్తగా 411 నిర్మాణంలో ఉన్నాయి. వీటిల్లో 1,115 భారీ ఆనకట్టల వయసు 2025 నాటికి 50 ఏండ్లకు చేరుతుంది. 4,250 ఆనకట్టల వయసు 2050 నాటికి 50 ఏళ్లుదాటుతాయి. ఇంకా మరెన్నో చిన్న ఆనకట్టలు వేల సంఖ్యలో ఉన్నాయి. వీటన్నింటికీ ఎప్పటికప్పుడు నిర్వహణ లోపాలు లేకుండా భద్రంగా కాపాడుకోవాలి.

**నదుల మనుగడకు తొలిప్రాధాన్యమివ్వాలి :**

చమోలీ జలప్రళయం నేపథ్యంలో మనం తెలుసుకోవల్సింది మనకు విద్యుత్ అవసరమే. అభివృద్ధి సాధన ముఖ్యమే అయినప్పటికీ తొలి ప్రాధాన్యం నదుల మనుగడకే ఇవ్వాలి. లేనిచో నదులు మనకు మరిన్ని చమోలీ పాఠాలు నేర్పుతాయి. గంగానది దాని ఉపనదులపై విచక్షణా రహితంగా కడుతున్న ఆనకట్టలు విద్యుదుత్పాదన ప్రాజెక్టుల కారణంగానే చమోలీ విపత్తు వాటిల్లింది. ఉత్తరాఖండ్ నదులపై నిర్మించిన, నిర్మిస్తున్న, నిర్మించబోతున్న ప్రాజెక్టులన్నీ 9000 మెగావాట్ల విద్యుత్‌ను ఉత్పత్తి చేయవచ్చని అంచనా. హిమాలయాల్లోని ఎత్తైన ప్రాంతాలలో ఉన్న ఈ ప్రాజెక్టులు 80 నుంచి 90 శాతం నదీపరివాహక ప్రాంతాన్ని ప్రభావితం చేస్తాయి. నదీజలాలను సొరంగాలు, జలాశయాల ద్వారా దారిమళ్లించి విద్యుత్ ఉత్పత్తికి వినియోగించుకున్న తర్వాత తిరిగి నదిలోకి వదులుతారు. ఇలా నది సహజ ప్రవాహాన్ని అడ్డుకుంటున్నారు. అంటే నదీ ప్రవాహగతి మార్చబడుతున్నది. వాస్తవానికి వరదజలాలు అధికంగా వచ్చేకాలంలో నదిలో సహజ ప్రవాహం 30 శాతంగా, మిగతా

కాలంలో 50 శాతంగా ఉండాలి. హిమాలయాలు చాలా సున్నితమైన పర్యావరణ ప్రాంతం. అటువంటి దగ్గర విచక్షణా రహితంగా ప్రాజెక్టులు నిర్మిస్తున్నారు. ప్రవాహాలు సహజ స్థిరంగా సాగిపోవాల్సిన అవసరం విస్మరించబడుతున్నది. దీని వల్ల చమోలి లాంటి జలప్రళయాలు మరిన్ని వచ్చే అవకాశం ఉంది.

మనదేశ ఆనకట్టల అనుభవాలు గుర్తుకు తెచ్చుకుంటే హిమానీనదాలు విరిగిపడి ఉత్తరాఖండ్‌లో జలవిద్యుత్ ప్రాజెక్టులకు తీవ్ర నష్టం వాటిల్లడం, 2018లో కేరళలో 126 ఏండ్ల ముళ్ళపెరియార్ ఆనకట్ట బీటలు వారడం, 2009లో కృష్ణానదికి 100 ఏండ్లలో ఎన్నడూ లేనంతగా భారీ వరద వచ్చి శ్రీశైలం ఆనకట్ట భద్రతపై భయాందోళనలు కలగడం మన గమనంలో ఉన్నాయి. ముళ్లపెరియార్ డ్యామ్‌ను సున్నపురాయి, కాల్చిన ఇటుకల పొడితో కట్టారు. నిర్మాణ, నిర్వహణ లోపాలున్నాయి ఈ ఆనకట్టకు భూకంప ప్రమాదం ఉన్న ప్రదేశంలో నిర్మించారు. తెహ్రీడ్యామ్‌ను కూడా ఉత్తరాఖండ్‌లో భూకంప ప్రమాద ప్రదేశంలో నిర్మించారు. అందుకే తెహ్రీడ్యామ్‌కు తొందరగా పగుళ్ళుపడ్డాయి. ఇవన్నీ పరిగణలోకి తీసుకోకుండా ఉత్తరాఖండ్‌లో 17 పెద్ద జల విద్యుత్ ప్రాజెక్టులు, 10కి పైగా చిన్న ప్రాజెక్టులు నిర్మిస్తున్నారు. భూతాపం వల్ల హిమాలయాల్లో హిమనదాలు వేగంగా కరుగుతున్నాయి. దీనివల్ల ఈ ప్రాజెక్టులకు ముప్పు పొంచి ఉన్నది. మహారాష్ట్రలో కోయ్‌నా, వర్నా డ్యామ్‌లు కూడా భూకంపం ముప్పు ఉన్న ప్రాంతాల్లో నిర్మించడం వల్ల సమస్యలొస్తున్నాయి. 1967ల మహారాష్ట్రలో వచ్చిన భూకంపంతో కోయ్‌నా ఆనకట్టకు తీవ్ర నష్టం కలిగింది. ప్రపంచంలోని అనేక దేశాల్లో సంవత్సరం అంతా వర్షాలు కురుస్తాయి. కానీ భారత్‌లో వర్షాకాలంలోని కొన్ని నెలల్లో మాత్రమే అత్యధికంగా వానలు కురుస్తాయి. అలా భారీగా వరదలొస్తాయి. భారత్‌లో ఆక్రమణలు, వరద ఉధృతివల్ల నది కరకట్టలకు కోత పడుతున్నది. దీనివల్ల ఆనకట్టల్లో బలహీనమైన వాటిని గుర్తించి ప్రణాళికాబద్ధంగా వాటిని కూల్చివేయాలి. ఇందుకోసం ఆ ప్రాంత ప్రజలను, పౌరసంఘాలను కలుపుకోవాలి. భారీ డ్యాముల వల్ల జరిగే పర్యావరణ సామాజిక నష్టాలను శాస్త్రీయంగా అంచనావేసి ప్రత్యామ్నాయ నీటి నిల్వ పద్ధతులను చేపట్టాలి. సాంప్రదయేతర వనరులతో విద్యుత్ ఉత్పాదనకూ అంటే పవన, సౌర విద్యుదుత్పాదనకు ప్రాధాన్యమివ్వాలి. -0-0-

# 13. వరదల నియంత్రణకు ముందస్తు కార్యాచరణ అవసరం

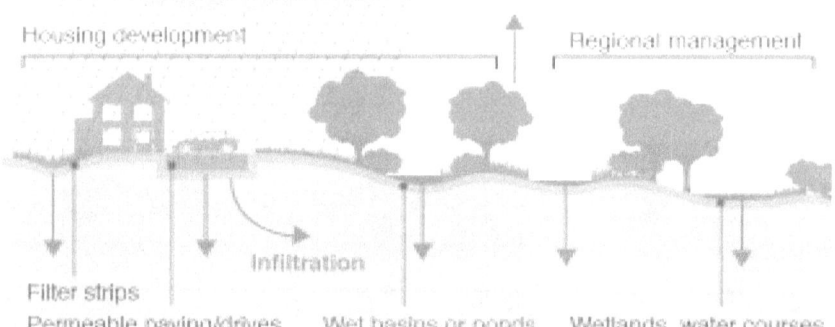

స్థిరమైన మానవ అభివృద్ధికి మరియు ధరిత్రి, పర్యావరణ వ్యవస్థ యొక్క ఆరోగ్యకరమైన పనితీరుకు నీరు ముఖ్య అవసరమైన వనరు. ప్రపంచవ్యాప్తంగా మంచినీటి లభ్యత పరిమితం. మొత్తం 1400 మిలియన్ ఘ.కీ.మీ. మంచినీటిలో 2.7 శాతం, ప్రధానభాగం శాశ్వత మంచుకప్పు లేదా లోతైన జలాశయాల రూపంలో ఉంది. ఇందులో మానవ ఉపయోగార్థం చాలా చిన్న భాగం మాత్రమే అందుబాటులో ఉంది. ప్రపంచ జనాభాలో 16 శాతం మరియు పశు సంపదలో 15 శాతం భారత్ ఆదుకోవాలి. కాని మనకు భూమిలో 2.4 శాతం మరియు ప్రపంచంలో 4 శాతం నీటి వనరులు మాత్రమే ఉన్నాయి. సంవత్సరంలో సుమారు 4000 ఘ.కి.మీ. అవపాతంలో, జూన్ నుండి సెప్టెంబరు వరకు వర్షాకాలంలో 3000 ఘ.కి.మీ. వర్షపాతం వస్తుంది. ఈ విధంగా అందుబాటులో ఉన్న నీటి పంపిణీ ఏకరీతిగా ఉండదు. స్థలం, సమయం రెంటిలోనూ చాలా అసమానంగా ఉంటుంది. దేశ సగటు వార్షిక నీటి వనరుల సామర్థ్యం 1869 ఘ.కి.మీ.గా అంచనా. హైడ్రోలాజికల్ టోపోగ్రాఫికల్ మరియు బయోలాజికల్ పరిమితుల కారణంగా సాంప్రదాయక నిల్వ మరియు డైవర్షన్ స్ట్రక్చర్‌ల ద్వారా కేవలం 690 ఘ.మీ. ఉపరితల నీటిని మాత్రమే ఉపయోగించుకోవచ్చు. సాలీనా భూగర్భనీరు 433 ఘ.కి.మీ. మాత్రమే రిచార్జి అవుతుంది.

ప్రతి ఏటా దేశంలో ఏదో ఒక ప్రాంతంలో ప్రకృతి విపత్తులు విరుచుకపడడం చూస్తూనే ఉన్నాము. అసోం, మహారాష్ట్ర, కేరళ, ఢిల్లీతో పాటు మరికొన్ని ప్రాంతాలలో

భారీ వర్షాల వల్ల వరదలు వస్తున్నాయి. భారీ వర్షాల వల్ల లోతట్టు ప్రాంతాలు జలమయమై, జనజీవనం, ప్రజారవాణా స్థంభించిపోవడం నిత్యకృత్యమౌతున్నది. ముంబైలో గత 15 ఏండ్ల చరిత్రలో తొలిసారిగా 200 మి.మీ. పైగా వర్షపాతం నమోదయ్యింది. కేరళలో కూడా భారీవర్షాల వల్ల భారీస్థాయిలో ఆస్థి, ప్రాణనష్టం జరిగింది. ఏ ప్రాంతంలోనయినా ఇలాంటి విపత్తులు ఎదురుకాకుండా ముందస్తు ప్రణాళికలతో కూడిన కార్యాచరణ ఉంటే ఈ సమస్యనుండి బయటపడవచ్చు. పట్టణీకరణ పెరుగుతున్న కొద్దీ వాననీటిని ఒడిసిపట్టే వనరులు తరిగిపోతున్నాయి. దీనివల్ల ఆకస్మికంగా, కుండపోతగా వర్షాలు కురిస్తే నీటి ప్రవాహ ఒరవడి ఎన్నోరెట్లు పెరుగుతున్నది.

వరదలెందుకు వస్తాయి?

భారీ అవపాతం, నీటిపై తీవ్రమైన గాలులు, అసాధారణంగా అధిక ఆటుపోట్లు, సునామీలు, ఆనకట్టలు, వాగులు, చెరువులలో నీటిని సరియైన పద్ధతులలో నిలువ, నీటి పారకం చేయకపోవడం వల్ల వరదలు అధికంగా సంభవిస్తాయి. పెరుగుతున్న జనాభా ఒత్తిడి, వ్యవసాయ అభివృద్ధి, అడవుల నిర్మూలన లాంటి మానవ కారణాల వల్ల కూడా వరదలు సంభవిస్తున్నాయి. ఆందోళన కలిగించే విషయమేమంటే పట్టణాల్లోని వరదల సాంక్రమిక వ్యాధుల విజృంభనకు అనువుగా ఉండడం. ఈ వరదల వల్ల భారీస్థాయిలో వ్యర్థాలు కొట్టుకుపోవడం హానికర వైరస్‌ల వ్యాప్తికి కారణమౌతున్నాయి. దశాబ్దాల కిందటి మురుగునీటి వ్యవస్థలు ఏండ్ల తరబడి పూడికలు తీయకపోవడం వల్ల చెత్తా, చెదారం నిండడం వల్ల నగరాలు, పట్టణాలలో కొద్దిపాటి వర్షానికే రోడ్లు వరదలై పారుతున్నాయి. అందుకే నగరాలల్లో మురుగు నీటి పారుదల వ్యవస్థను ఎప్పటికప్పుడు శుభ్రపరచాలి. వాననీటి ప్రవాహానికి ఆటంకంలేని విధంగా నీటిపారుదల సౌకర్యాలు మెరుగుపరచాలి. నగరాలలో అక్రమ నిర్మాణాలతో మురుగునీటి కాలువలు, చెరువులు, కుంటలు దురాక్రమణకు గురవుతుండడం వల్ల ఈ సమస్య మరింతగా పెరుగుతున్నది. అందుకే ప్రతి ఏటా వర్షాకాలానికి ముందే నాలాల్లో పూడిక తీసి శుభ్రపరచాలి. అలా ముంపు పరిస్థితులు లేకుండా కొంతమేర సమస్యను పరిష్కరించొచ్చు.

**భారత్ కరువులకు శాస్త్రీయ కారణాలేంటి? :**

(సెంటర్ ఫర్ ఎట్మాస్ఫియర్ అండ్ ఓషయానిక్ సెన్సెస్ మరియు ఇండియన్ ఇన్స్టిట్యూట్ ఆఫ్ బెంగుళూర్ సంయుక్త అధ్యయనాల ఆధారంగా) మన దేశ వ్యవసాయానికి తద్వారా ఆర్థిక వ్యవస్థకు నైరుతి, ఈశాన్య రుతుపవనాలు ఆధారం. మహా సముద్రాల్లో ఏర్పడే వాతావరణ మార్పులతో రుతుపవనాలు మందగించి దేశంలో కరువులు సంభవిస్తున్నాయి. మన దేశంలో సంభవించే కరువులకు పసిఫిక్ మహాసముద్రంలో ఏర్పడే ఎల్నినో వాతావరణం కొంత మేర కారణం అయినప్పటికినీ, ఉత్తర అట్లాంటిక్ మహాసముద్రంలో ఏర్పడిన అలజడులే ప్రధానకారణమని అధ్యయనాలు చెబుతున్నాయి. జూన్ నుంచి సెప్టెంబర్ వరకు కొనసాగే ఈ ఋతుపవనాలు పసిఫిక్ సముద్రంలో జనించి హిందూ మహాసముద్రం మీదుగా భారత్లోకి ప్రవేశిస్తాయి. అయితే పసిఫిక్లో మూడు నాలుగేండ్లకోసారి భూమధ్యరేఖ ప్రాంతంలో సముద్ర జలాలు సాధారణం కంటే ఎక్కువ వేడెక్కుతాయి. ఈ మార్పుతో నైరుతి రుతుపవనాలు ఏర్పడవు. ఏర్పడినా గతి తప్పడం వల్ల భారత్లోకి ప్రవేశించవు. దీనివల్ల కరువులు దేశంలో సంభవిస్తాయి. ఎల్నినో ద్వారా ఏర్పడే ఈ కరువు పరిస్థితులు సాధారణంగా జూన్ నుండి ఆగస్టు ప్రారంభం వరకుంటాయి. ఆ తర్వాత వర్షాలు క్రమంగా పుంజుకుంటాయి. కానీ గత శతాబ్దంలో ఏర్పడ్డ తీవ్రమైన కరువులు ఆగస్టు మూడోవారంలో చూశాం. దీనికి కారణం ఉత్తర అట్లాంటిక్ ఏర్పడిన వాతావరణ అలజడులే. ఎల్నినో లేని సమయంలో కూడా పలుమార్లు ఆగస్టు చివరివారం నుంచి వర్షాలు తీవ్రంగా తగ్గి కరువులు ఏర్పడ్డాయి. వాతావరణంలోని ఉన్నత పొరల నుంచి వీచే గాలులు ఉత్తర అట్లాంటిక్ లోని అతిశీతల నీటి వెంట ప్రయాణించినపుడు ఈ అలజడులు ఏర్పడుతున్నాయి. వీటిని రోస్బేలేర్స్ అని పిలుస్తారు.

ఈ పవనాలు దిశను మార్చుకొని ఆసియా ఖండం వైపు పయనిస్తాయి. వీటిని టిబెట్ పీఠభూమి అడ్డుకోవడంతో భారత్ ఉపఖండంలోకొస్తాయి. ఆగస్టులో భారత్లో దేశమంతా విస్తరించిన నైరుతి పవనాలను ఈ శీతల గాలులు తరిమేస్తాయి. దాంతో ఆగస్టు చివరి వారంలో కరువులు ఏర్పడుతున్నాయి.

వరదలను ఎలా నియంత్రించవచ్చు?

- ఏటా వానాకాలంలో వచ్చే వరదనీటి ప్రవాహం పరిమాణాన్ని ఉపగ్రహాధారిత సమాచారం ద్వారా లెక్కగట్టి, అది అక్కడి మురుగు, వరద నీటి పారుదల వ్యవస్థపై చూపే ప్రభావాన్ని శాస్త్రీయంగా అంచనా వేయాలి.
- వాననీటిని భూగర్భంలోకి ఇంకిపోయేలా పక్కాగా చర్యలు తీసుకోవాలి. కురిసిన ప్రతి వర్షపు నీటిబొట్టును ఒడిసిపట్టి భూమిలోకి ఇంకేలా చేయాలి.
- మురుగునీరు, వరదనీటి ప్రవాహాల నిర్వహణలో ప్రపంచ దేశాలు అనుసరిస్తున్న అత్యుత్తమ విధానాలను, పద్ధతులను ఇక్కడి స్థితిగతులకు అనుగుణంగా మలచుకొని తగు కార్యాచరణ చేయాలి.
- ఆయా నగరాలు, పట్టణాల జనసంఖ్య భౌగోళిక పరిస్థితులను పరిగణనలోకి తీసుకొని పట్టణాల వారీగా మురుగు వరదనీటి నిర్వహణ ప్రణాళికలు రూపొందించుకోవాలి.
- ప్రజల జీవన ప్రమాణాలకు అడ్డంకులు ఏర్పడకుండా నిత్యజీవన వ్యవహారాలు సాఫీగా జరిగేలా నీటి పారుదల వనరుల ఆక్రమణలను, విచక్షణారహితంగా జరిపే తవ్వకాలకు అడ్డుకట్ట వేయాలి.
- వరదల నియంత్రణ చర్యలతో ఆయా రంగాల ప్రముఖుల సలహాలను, ప్రభుత్వాలు, పౌరసమాజం సమన్వయం చేసుకొని కార్యాచరణ జరిపినపుడు నగరాలు, పట్టణాలలోని వరదలను నియంత్రించడం సాధ్యమవుతుంది.

Source: https://twitter.com/kellykdavis/ - 0-0-

# 14. నీటి సంరక్షణ మన సంరక్షణ

నీటి విలువ దాని ధర కంటే చాలా ఎక్కువ. నీరు మన గృహాలు, ఆహారం, సంస్కృతి, ఆరోగ్యం, విద్య, ఆర్థిక శాస్త్రం మరియు మన సహజ పర్యావరణం యొక్క సమగ్రతకు అపారమైన మరియు సంక్లిష్ట విలువను కలిగి ఉంటుంది. మనము ఈ విలువలలో దేనిని విస్మరించకుండా ఈ పరిమిత, భర్తీ చేయలేని వనరును సరిగ్గా సంరక్షించడం మనందరి కర్తవ్యం. నీటి యొక్క నిజమైన, బహుమితీయ విలువపై సమగ్ర అవగాహనతోనే మానవులందరి ప్రయోజనాల కోసం నీటి వనరులను కాపాడగలం. నీటి కొరత ఏర్పడితే తప్ప దీని గురించి ప్రజలుగానీ, పాలకులు గానీ పట్టించుకునే స్థితిలో లేరు. ప్రపంచవ్యాప్తంగా జలసంక్షోభం ఉంది. తాగునీటి సంక్షోభం అన్ని దేశాలను పీడిస్తోంది. వానలు, వరదల సమయంలో అపార జలరాశిని సద్వినియోగం చేసుకోక, తర్వాత బొట్టు నీటి కోసం జనం పరితపిస్తుంటారు. ప్రపంచ వ్యాప్తంగా నీటి కొరతతో అల్లాడుతున్న ప్రజల్లో 30 శాతం మనదేశంలోనే ఉన్నారు. కేంద్ర రాష్ట్ర ప్రభుత్వాలు జలసంరక్షణ పేర ఎన్నో పథకాలతో వేలకోట్లు ఖర్చు పెడుతున్నారు. అయినప్పటికీ సురక్షిత జలం అందని ఆవాసాలు కోకొల్లలుగా మనదేశంలో ఉన్నాయి.

**భూతాపంతో కరుగుతున్న హిమానీ నదాలు - దాని పర్యవసనాలు :**

దేశంలో హిమాలయాల రూపురేఖలు మారిపోతున్నాయి. నలుభైశాతం మానవాళి కీలకమైన హిమానీనదాలు సింధు, గంగ, బ్రహ్మపుత్రలాంటి నదులు భూతాపానికి గురై తమ సహజ ఆనవాళ్లు కోల్పోతున్నాయి. ఈ శతాబ్ది చివరకు భూమి సగటు ఉష్ణోగ్రత పారిశ్రామికీకరణ పూర్వదశ కంటే 1.5 డిగ్రీల సెంటిగ్రేడ్ పెరిగినా మూడొంతుల మంచుకొండలు కరిగిపోతాయని హిందుకుశ్ హిమాయా 2019 నివేదికలు చెబుతున్నాయి. ఈ ప్రాంతంలో ఇప్పటికే ఉష్ణోగ్రతలు 1.3 డిగ్రీలు అధికమయ్యాయి. 2050 నాటికి టిబెటన్ పీఠభూమిలో నలుబైశాతం మంచుకొండలు కనుమరుగవుతాయని అంచనా. ఇదే జరిగితే ఈశాన్య రాష్ట్రాలపై ముప్పు అధికంగా ఉంటుంది. ప్రస్తుత భూతాప పరిస్థితులతో తూర్పు హిమానీనదాలు 95 శాతం దెబ్బతింటాయి. తూర్పు, ఈశాన్య రాష్ట్రాల వ్యవసాయానికి హిమానీనదులు, మంచుకొండలే కీలకం. ప్రస్తుతం కరుగుతున్న మంచు కొండలతో నీటి లభ్యత అధికంగా ఉన్నా, దీర్ఘకాలంలో నీటి ప్రవాహం తగ్గి, అత్యధిక నీటి లభ్యత ఉన్న ఈ ప్రాంతాన్ని నీటికొరత లోయలుగా మార్చే పరిస్థితులు కనబడుతున్నాయి.

**భవిష్యత్ అంధకారమే :**

కేంద్ర కాలుష్య నియంత్రణ మండలి అంచనా ప్రకారం 2030 నాటికి లక్షా యాభైవేల కోట్ల ఘనపు మీటర్లకు నీటి డిమాండ్ చేరుకుంటుందని అంచనా. 1951లో తలసరి నీటి లభ్యత 5200 ఘనపు మీటర్లుగా ఉంటే 2011 నాటికి అది 1545 ఘనపు మీటర్లకు పడిపోయింది. 2025 నాటికి వార్షిక తలసరి నీటి లభ్యత 1401 ఘనపు మీటర్లుగా ఉండవచ్చన్న అంచనాలు కలవరపరుస్తున్నాయి. వాస్తవానికి మనిషి ఆరోగ్య జీవనానికి సాలీనా 1700 ఘనపు మీటర్ల నీరు అవసరం.

60 కోట్ల మంది భారతీయులు నీటి సంక్షోభాన్ని ఎదుర్కొంటున్నారు. నీతి ఆయోగ్ సమీకృత నీటి నిర్వహణ సూచిక చెబుతున్నది. నీటి నాణ్యత పరంగా 122 దేశాలతో కూడిన సూచికలో మనం 120 వ స్థానంలో ఉన్నాం. భూగర్భ జలాలు అందుబాటు నానాటికీ తగ్గడం వల్ల జీడీపీలో ఆరు శాతం నష్టపోతున్నాం. అందుకే నీటి నిలువ, పొదుపు, వినియోగం, పరిరక్షణ విషయంగా మన ఆలోచనలు మారాలి. నీటిని నేడు పొదుపు చేస్తేనే రేపు పొందగలం. ఇది వాస్తవం. జలం లేనిదే జీవం లేదు అని కాబట్టి నీటి సంరక్షణ బాధ్యత మనందరిది.

**నీటి సంక్షోభానికి కళ్లెం ఎలా వేయగలం?**

- వ్యవసాయంలో సమర్థ నీటి వినియోగాన్ని ప్రోత్సహించేలా శాస్త్రీయ ప్రణాళికలుండాలి.
- పారిశ్రామిక రంగంలో రీసైక్లింగ్ ద్వారా నీటి అవసరాలు తీర్చుకోవాలి.
- ఇండ్లు, కార్యాలయాల్లో నీటి పునరుత్పాదకత, పునర్వినియోగాన్ని ప్రోత్సహించాలి.
- నదీ జలాలను శుద్ధి చేయడం, మురుగు కాల్వల నుండి వచ్చే నీటిని శుద్ధి చేసేందుకు ప్రభుత్వాలు చిత్తశుద్ధితో కృషి చేయాలి.
- ఇంకుడు గుంతలు, బోర్ల రీచార్జ్ చాంబర్లు, పంట కుంటల ద్వారా వర్షపునీటిని భూమిలోకి ఇంకించేలా చర్యలు తీసుకోవాలి.
- తాగునీటి విషయంలో స్వచ్ఛత, నాణ్యతలో రాజీపడకుండా సురక్షితమైన తాగునీటిని ప్రజలందరికీ అందించాలి.
- ఆక్రమణలకు గురై, ఆనవాళ్లు కోల్పోయిన సంప్రదాయ నీటి వనరులను పునరుద్ధరించాలి.

-0-0-

## 15. వాతావరణ మార్పుల వల్ల వేడెక్కుతున్న సాగరాలు

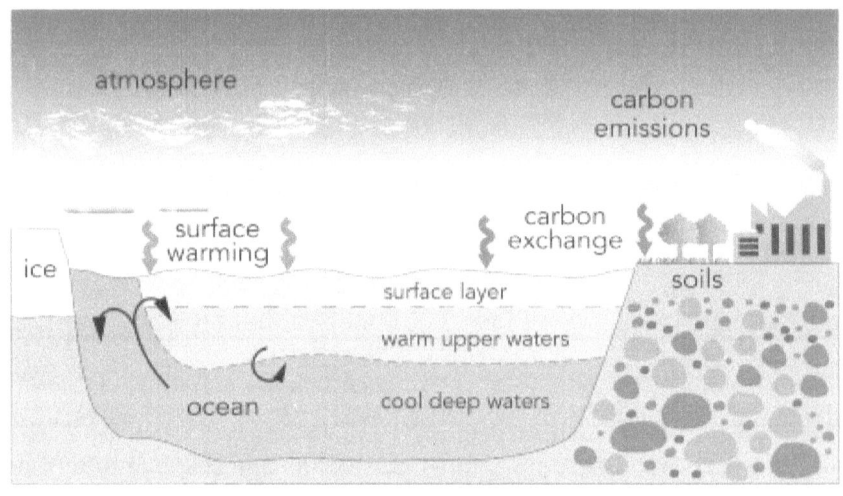

Source: https://researchfeatures.com/

వాతావరణంలో ఉన్న హరిత గృహ వాయువుల్లో 85 శాతాన్ని సముద్రాలు గ్రహిస్తాయి. దీనితో అవి వేడెక్కుతున్నాయి. గత 15 ఏండ్లలో ఇది మరింతగా పెరిగింది. దీనివల్ల కొన్ని రకాల సముద్ర జీవులు అంతరించిపోవడం వల్ల సముద్ర జీవవైవిధ్యంలో అసమతుల్యత నెలకొంటున్నది. హిమానీనదాలు కరగడం, సముద్రాల విస్తరణ కూడా ఇందువల్లే. 1901 నుంచి 2018 మధ్య ప్రపంచవ్యాప్తంగా సముద్రమట్టం 20 సెంటీమీటర్ల మేర పెరిగింది. 1901-71 మధ్య ఏటా 1.3 మిల్లీలీటర్లు, 1971-2006 మధ్య ఏటా 1.9 మి.మీ., 2000-2018 మధ్య ఏకంగా సంవత్సరానికి 3.7 మి.మీ. చొప్పున సముద్రమట్టం పెరిగింది. సాగరాలు కార్బన్ డై ఆక్సైడ్‌ను గ్రహించడం వల్ల వాటిల్లో ఆమ్లీకరణ కూడా పెరిగింది. భూమ్మీద ఉష్ణోగ్రతలను కొంతమేర మానవ ప్రయత్నాలతో తగ్గించొచ్చు. కానీ సాగరాల్లో ఉష్ణోగ్రతను తగ్గించడం చాలా కష్టమని శాస్త్రవేత్తలు హెచ్చరిస్తున్నారు. మనిషి స్వార్థం, వ్యక్తిగత వాహనాలు అతిగా వాడడం, చేత్తో చేసుకోగలిగే ఎన్నో పనులను కూడా యంత్రాల ద్వారా చేయడం, విద్యుత్ వాడకం పెంచడం లాంటి కారణాలతో భూతాపం పెరుగుతున్నది. సముద్రాలు వేడెక్కుతున్నాయి.

హిందూమహాసముద్రంలో ఉష్ణోగ్రతలు పెరగడం వల్ల తీర ప్రాంతాలకు పెనుముప్పు ఉందని ఐక్యరాజ్యసమితి అంతర ప్రభుత్వాల కమిటీ (ఐపీసీసీ) నివేదిస్తోంది. ఇంకా భారత్ లాంటి దేశాల్లో సుదీర్ఘ వర్షాకాలం ఉండబోతుందని హెచ్చరించింది. ఇప్పటికే భారత్ చుట్టూ ఉన్న సముద్రమట్టాలు క్రమంగా పెరుగుతున్నాయి. సముద్ర వాతావరణంలో 1470 నుంచి గణనీయంగా మారుతూ వస్తున్నది. సముద్రాల్లో రెండు వేల మీటర్ల లోతున సైతం వేడివాతావరణం ఉన్నట్లు శాస్త్రవేత్తల పరిశీలనలో తేలింది. ఇదంతా మానవ తప్పిదమే. ఈ తప్పిదాల వల్లే వర్షాలు, వరదలు ఎక్కువయ్యాయి. పెరుగుతున్న భూతాపం, సముద్ర ఉష్ణోగ్రతలను కట్టడిచేయాలంటే విద్యుదుత్పత్తికి బొగ్గు వాడటం తగ్గించడం, వాహన వినియోగం తగ్గించడం సౌర, పవన విద్యుత్‌ను ప్రోత్సహించడం లాంటి చర్యల వల్ల కొంతమేర ఉద్గారాలను నియంత్రించగలం.

**వాతావరణాన్ని చల్లబరచాలి:**

శీతల దేశాల్లో మండుతున్న ఎండలు, చైనా భారత్ వంటి దేశాల్లో కుండపోత వర్షాలు, కెనడా అడవుల్లో రోజుల తరబడి కార్చిచ్చులకు కారణం పెరుగుతున్న భూతాపం మరియు వాతావరణంలో అనూహ్యామార్పులే. దేశ సగటు ఉష్ణోగ్రతను ప్రతి 30 ఏండ్ల కొకసారి లెక్కిస్తారు. 1901-1930 మధ్య వార్షిక సగటు 24 డిగ్రీల సెల్సియస్. ఇప్పుడది 25.2 డిగ్రీల సెల్సియస్‌కు చేరింది. వందేళ్లలో 1.2 డిగ్రీలు పెరిగింది. ఒక డిగ్రీకి పైగా సగటు ఉష్ణోగ్రత పెరిగితేనే చాలా దుష్ఫలితాలుంటాయి. ఇవే పరిస్థితులు కొనసాగితే విపత్తుల తీవ్రత, ప్రాణనష్టం అధికమవుతుంది. సముద్ర మట్టాలు పెరిగి భూమ్మీద చాలా ప్రాంతాలు నీటమునిగే ప్రమాదం ఉంది. ప్రస్తుతం ప్రపంచవ్యాప్తంగా రుతుపవనాల రాక ఆలస్యం అవుతున్నది. వర్షానికి, వర్షానికి మధ్య విరామం పెరుగుతున్నది. వర్షం కురిసే రోజులు తగ్గుతున్నాయి. భూతాపం వల్ల వేడి బాగా పెరిగి, ఆ మేర నీరు ఎక్కువగా ఆవిరై భారీగా మేఘాలు ఏర్పడుతున్నాయి. కుండపోత వర్షాలు, వారంలో నెలలో పడాల్సిన వర్షం ఒకే రోజులో పడడం చూస్తున్నాం.

2015 నుంచి 2020 వరకు దేశంలోని అటవీప్రాంతాల్లో కార్చిచ్చులు రెట్టింపయ్యాయి. అడవుల నరకడం, అటవీభూముల నిర్వహణ సరిగ్గా లేకపోవడం, ఏసీల వాడకంతో విద్యుత్ ఉపయోగం పెరగడం, నగరాల అభివృద్ధి ప్రణాళికలు ఉష్ణోగ్రతలు పెరగడానికి కారణమౌతున్నాయి. అందుకే ఇండ్లు, కార్యాలయాల భవనాల

నిర్మాణాల డిజైన్లు పర్యావరణ అనుకూలంగా ఉండాలి. సహజసిద్ధమైన గాలి, వెలుతురు, పచ్చటి పరిసరాలకు ప్రాధాన్యమిస్తూ, నగరాల్లో వాతావరణాన్ని చల్లబరిచే ప్రణాళికలు చేయాలి. నీరు, విద్యుత్, భూమి వినియోగం విషయాన సరైన ప్రణాళిక ఉండాలి.

**వాతావరణ మార్పులకు తగ్గట్లు స్థానిక కార్యాచరణ ఉండాలి: (భారత ఉష్ణమండల వాతావరణ సంస్థ అధ్యయనం)**

సముద్రం వేడెక్కడం, సాగరమట్టం గణనీయంగా పెరగడం వల్ల అతి భారీ వర్షాలు, తుఫాన్ల తీవ్రత హెచ్చుతోంది. ఒక దశాబ్దంలో సముద్రంలో నీటిమట్టం మూడు నుంచి ఐదు మీటర్ల వరకు పెరుగుతోంది. మూడు మీటర్ల నీటి మట్టం పెరిగిందంటే 17 మీటర్ల తీరప్రాంత భూభాగాన్ని కోల్పోయినట్లే. ఇతర సముద్రాలతో పోల్చితే హిందూ మహాసముద్రం చాలా వేగంగా వేడెక్కుతోంది. దీని వల్ల కొన్ని ప్రాంతాల్లో ఉపరితల ఉష్ణోగ్రత 1.2 నుంచి 1.4 డిగ్రీల పెరిగింది. గ్లోబల్ వార్మింగ్ వల్ల పెరిగిన 1.1 డిగ్రీల కంటే ఇది ఎక్కువ. మంచుపర్వతాలు కరిగిపోవడం, ఉష్ణోగ్రతల్లో మార్పుల వల్ల గతంలో ఎన్నడూ లేనంత వేగంగా సముద్రమట్టాలు దశాబ్దానికి 1.3 సెం.మీ మధ్య పెరిగితే, 1971-2006లో అది 1.9 సెం.మీ., 2006-18 మధ్య ఇది 3.7 సెం.మీ. ఇప్పుడు పశ్చిమం నుంచి తూర్పు తీర ప్రాంతం మధ్య దశాబ్దానికి మూడు నుంచి ఐదు సెం.మీ. పెరుగుతోంది. బంగ్లాదేశ్ తీర ప్రాంతంలో దీని ప్రభావం చాలా ఎక్కువగ ఆఉంది. 2100 ఆటికి 40 సెం.మీ నుంచి 100 సెం.మీ. వరకు పెరగొచ్చు. 1950 తర్వాత ఉష్ణమండల హిందూ మహాసముద్రం వేగంగా వేడెక్కడం భారత భూభాగంపైన ప్రత్యేకించి కోస్తా ప్రాంతాలపైన చాలా ఒత్తిడి పెరిగింది. రుతుపవనాలకు సంబంధించి గాలుల్లో ఒడిదొడుకులు పెరిగాయి. ఈ కారణంగా అతిభారీ వర్షాలు మూడు రెట్లు పెరిగి వరదలొస్తున్నాయి. చాలా తీవ్రమైనవి 150 శాతం పెరిగాయి. వెంటవెంటనే తుఫాన్లు వచ్చే అవకాశాలున్నాయి.

2021 మే నెలలో తౌక్తే , యాస్ తుఫాన్లు వచ్చినపుడు ఐదు మీటర్లకంటే ఎక్కువ ఎత్తు ఉప్పెనలు వచ్చి నీటిని భూమిమీదకు తోశాయి. మొత్తం మీద దేశంలో రుతుపవనాల స్వభావం మారింది. ఎక్కువ రోజులు ఎలాంటి వర్షం లేకపోవడం. మధ్యలో మూడు నుంచి నాలుగు రోజుల్లోనే అతి భారీవర్షాలు కురవటం జరుగుతోంది.

సముద్రాల్లో ఈ పరిస్థితికి కారణమేమంటే, కార్బన్ డై ఆక్సైడ్ విడుదల పెరిగి గ్లోబల్ వార్మింగ్‌కు దారితీసింది. దీని ద్వారా వచ్చే నీటిలో 93 శాతం సముద్రాలు తీసుకుంటే భూమి, వాతావరణం, మంచు తీసుకునేవి ఏడు శాతం లోపు మాత్రమే. సముద్రంలో నీరు వేడెక్కడం వల్ల పగడాలు, మత్స్య సంపద కూడా అంతమవుతోంది. బంగాళాఖాతంలో నీరు ఇప్పటికే వెచ్చగా ఉండటం వల్ల ప్రతీ సంవత్సరం మూడు నాలుగు తుఫాన్లు సంభవిస్తున్నాయి. బంగాళాఖాతంతో పోల్చితే చల్లగా ఉండే అరేబియా నీళ్ళు కూడా మారిపోతున్నాయి. ఫలితంగా ఇక్కడ 50 శాతం తుఫాన్లు పెరిగాయి. గతంలో రెండేళ్లకు ఒక తుఫాను వచ్చేది. తుఫాన్లలో వేగం కూడా మారుతోంది. తౌక్తే తదితర తుఫాన్లు 24 గంటల్లోపూ బలహీనత నుంచి ఉధృతంగా మారాయి. 1970 నుంచి ప్రపంచవ్యాప్తంగా సముద్రాలు వేడెక్కడంతో పాటు అమ్లీకరణ చెందడం, ఆక్సిజన్ స్థాయిలు తగ్గడం జరిగింది. 21వ శతాబ్దంలో ఇప్పటివరకు ఇవి నాలుగు నుంచి ఎనిమిది రెట్లు పెరగ్గా, ఇది ఇంకా పెరుగుతూనే ఉంది. 21వ శతాబ్దం ప్రారంభమైనప్పటి నుంచి ప్రజలు అంతకుముందు కంటే 24 శాతం ఎక్కువగా వరదల ప్రభావానికి గురికావల్సి వచ్చింది. ఈ సమస్య అంతర్జాతీయమైనది. సవాళ్లు స్థానికమైనవి కాబట్టి కార్యాచరణ కూడా అలాగే ఉండాలి. ఉదాహరణకు ముంబయి, విశాఖపట్నం, చెన్నై, హైదరాబాద్ ఇలా ఏ నగరానికున్న సమస్యలు వాటికున్నాయి. గ్రామ, పట్టణం, నగరం, మహానగరాలను బట్టి తేడాలున్నాయి. దీనికి తగ్గట్టుగా విపత్తుల యాజమాన్యానికి సిద్ధం కావాలి. ఎక్కడికక్కడ స్థానికంగానే దేశంలోని ప్రతి జిల్లాను వాతావరణ మార్పులకు తగ్గట్టుగా సిద్ధమయ్యేలా చేయాల్సిన అవసరం ఉంది. ప్రభుత్వాలు కూడా భూ వినియోగ మార్పిడి సందర్భాల్లో వాతావరణంపై పడే ప్రభావాన్ని పరిగణలోకి తీసుకెల్లాలి. ప్రభుత్వ ఏజెన్సీలు కూడా వెళ్లలేని కొన్ని ప్రాంతాల్లో సిటిజన్ సైన్స్ నెట్‌వర్క్‌లు సాయం చేస్తున్నాయి. కేరళ, మహారాష్ట్రల్లో ప్రజలను ఈ నెట్‌వర్క్ అప్రమత్తం చేసిన సంఘటనలు అనేకం. శాస్త్రవేత్తలు, ఇంజనీర్లు, ప్రభుత్వ సంస్థల సహకారంతో ఇవి అద్భుతంగా నడుస్తున్నాయి. అనేక చోట్ల ప్రజల ప్రాణాలను కాపాడాయి. ఇలాంటి వాటిని ఎక్కడికక్కడ ఏర్పాటు చేసుకోవాలి.

పెరుగుతున్న ఉష్ణోగ్రతల సవాళ్లను ఎదుర్కోవడమెలా?

- పట్టణ, నగర పారిశ్రామికీకరణాల విషయంగా ప్రస్తుత పరిస్థితులకు అనుగుణంగా కేంద్ర, రాష్ట్ర ప్రభుత్వాలు వాటి వాటి పరిధుల్లోని అంశాలపై కాలుష్య ఉద్గారాలను తగ్గించడమే లక్ష్యంగా విధానాలను మార్చాలి. ఇందుకు ప్రైవేట్ సంస్థలు,పౌర సమాజం తోడ్పాటునివ్వాలి.

- వివిధ రకాల ప్రాజెక్టుల అవసరాలకు అటవీభూముల బదలాయింపును తగ్గించాలి. అవసరం అయిన చోటే ఇవ్వాలి. ప్రాజెక్టు పనులు చేపట్టడానికి ముందే ప్రత్యామ్నాయ భూముల్లో మొక్కలు పెద్ద సంఖ్యలో నాటితే ప్రాజెక్టు పూర్తయ్యేసరికే మరోచోట అటవీప్రాంతం వృద్ధి చెందే అవకాశాలుంటాయి.

- తుఫాన్లు, వరదలు, కరువు కాటకాలు, పిడుగుపాట్లు, వడగాల్పులు లాంటి ప్రకృతి విపత్తుల సవాళ్లను ఎదుర్కొనేందుకు దేశ, ప్రపంచ ఆర్థిక వ్యవస్థల అభివృద్ధికి కర్బన ఉద్గారాలు తగ్గించేలా, పచ్చదనం వెల్లివిరిసేలా సరియైన ప్రణాళికలు చేయాలి.

- వాతావరణ మార్పులతో ఏ ప్రాంతాలు ఎప్పుడు, ఎంత మేరకు ప్రభావితం అవుతున్నాయో, ఆయా సందర్భాల్లో అధ్యయనం చేసి, దాని ప్రకారం నివారణ చర్యలు చేపట్టాలి.

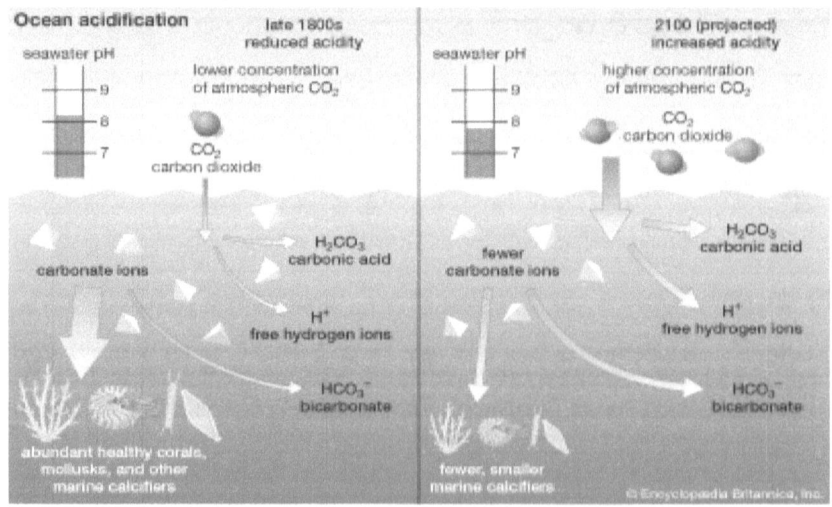

Source: https://www.britannica.com/science/ocean-acidification  -0-0-

# 16. సాగర భద్రత - అంతర్జాతీయ సహకారం

మహాసముద్రాలు భూమి మీద ఉన్న అన్ని జీవులకు మూలం. కానీ, అవి ప్రమాదంలో ఉన్నాయి. సముద్ర మట్టాల పెరుగుదల మరియు వాతావరణ మార్పుల వలన సముద్రపు నీరు ప్రమాదకర స్థాయిలో వేడెక్కుతున్నది. ఈ శతాబ్దం చివరినాటికి, ప్రపంచంలోని ఎక్కువ సముద్రాలు వేడిగా, ఆమ్లమయంగా మరియు నిర్జీవంగా ఉండవచ్చునని, సముద్రజీవనం విపత్తు ప్రభావంగా భూవాతావరణం వేడెక్కి బిలియన్ల మంది ప్రజలు ఆహారభద్రత కోసం అలల్లాడుతారని ఐక్యరాజ్యసమితి నివేదికలు చెబుతున్నాయి. ఈ హెచ్చరికలను శాస్త్రీయంగా, వాస్తవ దృక్పథంతో ప్రమాదాల గూర్చి అంచనాలు వేసి, నిరోధించేలా తక్షణ పరివర్తన చర్యలు తీసుకొని సాగరభద్రతకు ప్రపంచదేశాలు పాటుపడాలి. ఎందుకంటే ప్రపంచంలోని ప్రతి ఏడుగురిలో ముగ్గురు తమ ప్రొటీన్ ఆహారం కోసం సముద్ర జీవులపై ఆధారపడుతున్నారు. ప్రపంచంలోని 44 శాతం ప్రపంచ ప్రజానీకం సముద్రానికి 150 కి.మీ.లలోపే జీవిస్తున్నారు. యూనిట్ ప్రాంతానికి ఉష్ణమండల అడవుల కంటే 100 రెట్లు ఎక్కువ కార్బన్ తీరప్రాంత ఆవాసాలలో నిల్వచేయబడుతుంది.

అంతర్జాతీయ సముద్ర వాణిజ్యానికి అడ్డంకులు తొలగించడం, సముద్ర వివాదాలను శాంతియుతంగా, అంతర్జాతీయ చట్టాలకు అనుగుణంగా పరిష్కరించుకోవడం, సునామీలు, తుఫానుల వంటి ప్రకృతి వైపరీత్యాలు సంభవించినప్పుడు ఒకరికొకరు సహాయం చేసుకోవడంతో పాటు సముద్రదొంగలు, ఉగ్రవాదుల ఆగడాలను కట్టడి చేయడం, ప్లాస్టిక్ వ్యర్థాలు, చమురు తెట్టు, సముద్ర జలాలను కలుషితం చేయడాన్ని నిరోధించడానికి చర్యలు తీసుకోవడం. ఈ చర్యల ద్వారా సముద్రాలను, వాటిలోని సహజ వనరులను కాపాడడం, సముద్ర వాణిజ్యాన్ని పెంపొందించడానికి అంతర్జాతీయ ప్రమాణాలను రూపొందించి అన్ని దేశాలు ఆచరించేలా చర్యలు తీసుకోవాలనే అంశాలను భద్రతామండలిలో భారత్ ప్రతిపాదించింది. భద్రతామండలి సభ్యదేశాలు ఈ అంశాలన్నిటినీ ఏకగ్రీవంగా ఆమోదించడం అభినందనీయం.

### యునైటెడ్ నేషన్స్ కన్వెన్షన్ ఆన్ ది లా ఆఫ్ ద సీ (UNCLOS) :

1982 డిసెంబరు 16న కుదిరిన ఐక్యరాజ్యసమితి సముద్ర చట్ట ఒప్పందం (యునక్లోస్)ను భద్రతా మండలి అధికారికంగా గుర్తించింది. యునక్లోస్ ప్రపంచ సముద్రాలలో సమగ్రమైన శాంతి భద్రతల పాలనను నిర్దేశిస్తుంది. మహాసముద్రాలు మరియు వాటి వనరుల యొక్క అన్ని ఉపయోగాలను నియంత్రిస్తుంది. సముద్ర అంతరిక్షంలోని అన్ని సమస్యలు చాలా దగ్గరి సంబంధాలు కలిగి ఉంటాయి. వీటిని పరిష్కరించాల్సిన అవసరం ఉంది. యునక్లోస్ ప్రపంచంలోని అన్ని ప్రాంతాల చట్టపరమైన, రాజకీయ వ్యవస్థలు దాదాపుగా 150 కంటే ఎక్కువ దేశాల భాగస్వామ్యంతో 14 సంవత్సరాల పాటు సుధీర్ఘంగా పనిచేసి ఆయా ప్రాంతాల సామాజిక, ఆర్థిక అభివృద్ధి కోసం, ఆందోళనల పరిష్కారం కోసం ఈ కన్వెన్షన్ ఫ్రేమ్‌వర్క్‌ను రూపొందించారు. ఈ కన్వెషన్ దాని ఆర్టికల్ 308 ప్రకారం 16 నవంబరు 1994న ఆమోదం పొందింది. దీని పూర్తి పాఠం 320 వ్యాసాలతో తొమ్మిది అనుబంధనాలను కలిగి ఉన్నది. సముద్రపు అంతరిక్షంలోని అన్ని అంశాలైన పరిమితి, పర్యావరణ నియంత్రణ, సముద్ర శాస్త్రీయ పరిశోధనలు, ఆర్థిక మరియు వాణిజ్య కార్యకలాపాలు, సాంకేతికత బదిలీ సముద్ర విషయాలకు సంబంధించిన వివాదాల పరిష్కారం గురించి ఇందులో పొందుపరిచారు.

### సాగర భద్రత విషయంగా భారత్ కృషి :

సముద్ర భద్రతకు అడ్డంకులు తొలగించడం కోసం భారత్ 2015లోనే సాగర్ (ప్రాంతీయ భద్రత, సహకారం) పేరిట దార్శనిక పత్రం ప్రకటించింది. ఇది దక్షిణాసియాలో ప్రాంతీయ సముద్ర వ్యాపార భద్రతకు, సముద్ర వ్యాపార విస్తరణకు దోహదపడుతుంది. బంగ్లాదేశ్‌తో సముద్ర సరిహద్దు వివాదాన్ని భారత్ శాంతియుతంగా పరిష్కరించుకున్నది. అలాగే సోమాలియా సముద్ర దొంగల ఆటకట్టించడం, హిందూ మహాసముద్రంలో సునామీ సంభవించినపుడు ఇతర దేశాలతో కలిసి సహాయ చర్యలు చేపట్టింది. సముద్రాల్లో ప్లాస్టిక్ వ్యర్థాలు, చమురు కలువకుండా శాస్త్ర సాంకేతిక పరిశోధనలు జరిపేలా అమెరికా, ఆస్ట్రేలియా వంటి దేశాలతో సముద్ర పరిశోధనల్లో పాలుపంచుకుంటున్నది. ఇంకా సముద్ర వ్యాపార నిర్వహణపరంగా అంతర్జాతీయ ప్రమాణాలు నిర్ణయించేందుకు కూడా భారత్ కృషి చేస్తున్నది. ఇలా ప్రపంచ దేశాల మన్ననలు పొందుతున్నది.

సముద్రంపై ప్రపంచదేశాల రగడ :

దక్షిణ చైనా సముద్రంలో అమెరికాకు హక్కులు లేవని 13 లక్షల చదరపు మైళ్ల మేర విస్తరించిన ఈ సముద్రం తమదేనని చైనా వాదిస్తోంది. నల్ల సముద్రం, అజోల్ సముద్రం, కెర్జ్ జలసంధిలో రష్యా దురాక్రమణకు పాల్పడుతూ ఉక్రెయిన్‌ను ఇబ్బందుల పాలు చేస్తున్నదని అమెరికా ఆరోపణలు చేస్తున్నది. దక్షిణ చైనా సముద్రంపై వియత్నాం, ఫిలిప్పీన్స్ వంటి తీరదేశాలకు కాకుండా తమకే సార్వభౌమత్వం ఉందని చైనా వాదిస్తోంది. యునిక్లోస్ మార్గదర్శకాల ద్వారా ప్రపంచ దేశాల సముద్ర వివాదాలకు పరిష్కారం దొరుకుతుందని, ఆ దిశన ప్రపంచ దేశాలు తమ పొరుగుదేశాలతో వివాదాలను సామరస్యంగా పరిష్కరించుకుంటాయని ఆశిద్దాం.

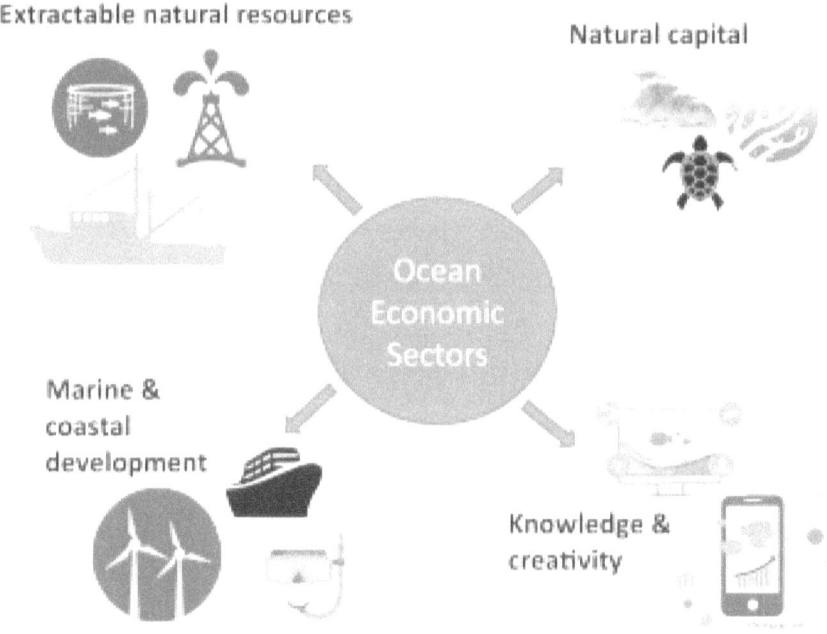

Source: https://www.nature.com/

-0-0-

## 17. సముద్ర గర్భంలో ఖనిజాన్వేషణతో జీవజాలంపై ప్రభావం

మహాసముద్రాలు భూమి యొక్క ఉపరితలంలో డెబ్బైశాతం ఉన్నాయి. సముద్రం అపార జలనిధి మాత్రమే కాదు. అనంత ప్రాణకోటికి జీవనాధారం. అంతులేని జలరాశిలో మత్స్యజాతులు, ముత్యపు చిప్పలు, పగడాల దిబ్బలు లాంటి మరెన్నో ప్రత్యేకతలు సముద్రగర్భంలో ఉన్నాయి. సముద్రాల ఖనిజ వనరుల నిర్మాణానికి భాద్యత వహించే అనేక రకాల భౌగోళిక ప్రక్రియలకు అతిథ్యం ఇస్తాయి. భూమి ఉపరితలం కరిగిపోయిన అనేక పదార్థాల నిల్వలు సముద్రాలలో ఉంటాయి. సముద్రగర్భంలో లెక్కలేనన్ని ఖనిజ నిక్షేపాలు సల్ఫైడ్, ఫెర్రో, మాంగనీస్, పాలీమెటాలిక్ ముద్దలు, పొటాషియం, మెగ్నీషియం, లైమ్‌స్టోన్, జిప్సమ్, ఫాస్ఫొరైట్స్ వంటివెన్నో సముద్ర అంతర్భాగంలో ఉన్నాయి.

హెచ్‌యంఎస్ ఛాలెంజర్ ఎక్స్‌పెడిషన్ 1872-1876

ఇది సముద్ర శాస్త్రం పునాది వేయడానికి అనేక ఆవిష్కరణలు చేసిన శాస్త్రీయ కార్యక్రమం. దీని ఫలితంగా ఆధునిక సముద్రశాస్త్ర తీరుతెన్నులే మారిపోయాయి. ఈ సముద్రయానంతో సముద్రపు బేసిన్లలోని లోతైన సముద్రం యొక్క భౌతిక పరిస్థితులను పరిశోధించడానికి, గ్రేట్ సదరన్ ఐస్ బాలియర్ పరిసరాల వరకు లోతు, ఉష్ణోగ్రత, ప్రసరణ, నిర్దిష్ట గురుత్వాకర్షణ మరియు కాంతి వ్యాప్తికి సంబంధించిన విషయాలు తెలుసుకునేందుకు, ఉపరితలం నుండి దిగువ వరకు వివిధ లోతుల వద్ద సముద్రపు నీటి రసాయన కూర్పును గుర్తించడానికి, ద్రావణంలో సేంద్రీయ పదార్థం మరియు సస్పెన్షన్ పార్టికల్స్ గూర్చి తెలుసుకునేందుకు, లోతైన సముద్రపు నిక్షేపాల భౌతిక, రసాయన స్వభావం మరియు వాటి మూలాలను నిర్ధారించేందుకు మరియు వివిధ లోతులలో మరియు లోతైన సముద్ర తీరంలో సేంద్రీయ జీవన పంపిణీని పరిశోధించేందుకు అవకాశాలేర్పడ్డాయి. దరిమిలా పసిఫిక్ సముద్రంలో మెక్సికో, హవాయి మధ్య సముద్రానికి నాలుగు నుంచి ఆరువేల మీటర్ల లోతున ఖనిజాలున్నట్లు. వీటిని సేకరించగలిగితే అత్యున్నత నాణ్యతతో కూడిన నికెల్, కోబాల్ట్, మాంగనీస్, రాగి లాంటి ఖనిజాలను వెలికితీయొచ్చని గుర్తించారు. భూమిని తవ్వి ఖనిజసంపదను వెలికితీస్తే పర్యావరణానికి నష్టం కలుగుతుంది. దానికితోడు భూ స్వరూపం కూడా మారిపోతుంది. అందుకే సముద్ర గర్భంలోని ఖనిజాల గురించి అన్వేషణ మొదలైనట్లు భావించొచ్చు.

## డీప్ ఓషన్ మిషన్ అధ్యయనం :

సాగర సంపద 95 శాతం దాక సముద్రగర్భంలోనే ఉంటుంది. జలగర్భంలోని వనరులను వెలికితీసి, వాటిని వినియోగంలోకి తీసుకొచ్చేందుకు కావాల్సిన సాంకేతిక పరిజ్ఞానాన్ని అభివృద్ధి చేసేందుకు కేంద్ర భూవిజ్ఞాన మంత్రిత్వశాఖ 'డీప్ ఓషన్ మిషన్'ను ప్రారంభించింది. దీని ద్వారా సముద్రంలో చోటు చేసుకునే వాతావరణ మార్పుల గూర్చిన అధ్యయనం, సముద్రగర్భంలో జీవవైవిధ్య అన్వేషణ పరిరక్షణకు సాంకేతిక ఆవిష్కరణలెలా అవే విషయాన ఆలోచిస్తారు. హిందూ మహాసముద్రం మధ్యలో ఉండే కొండల్లో లభించే ఖనిజసంపదను అన్వేషిస్తారు. అలాగే సముద్రం నుంచి శక్తి, మంచినీరు పొందే అవకాశాలు. సముద్ర జీవశాస్త్రంలో ఆధునిక సాంకేతికతను ఎలా అభివృద్ధి చేయాలనే అంశాలను పరిశోధిస్తారు. సముద్ర గర్భంలోంచి వెలికితీయాలని భావిస్తున్న ఖనిజాలతో మనకు చాలా అవసరాలు తీరుతాయి. పెట్రోల్, డీజిల్ కార్ల కంటే విద్యుత్ వాహనాల్లో నాలుగు రెట్లు ఎక్కువ లోహాలు వాడుతారు. 75 కిలోవాట్ల బ్యాటరీ ఉండే ఒక్కో విద్యుత్ వాహనానికి 56 కిలోల రాగి అవసరం అవుతాయి. ప్రస్తుతం వీటిని భూమిలో నుంచే తీస్తున్నారు. ఈ నిల్వలు క్రమంగా కరిగిపోయేయే. వీటిని తవ్వి తీస్తున్నపుడు కాలుష్యం వెలువడుతుంది. అందుకే ఇలాంటి ఖనిజాలను సముద్రగర్భం నుండి తీసే ఆలోచనలు చేస్తున్నారు. కానీ సముద్రగర్భ ఖనిజాన్వేషణ వల్ల లాభాలున్నా పర్యావరణంపై పడే ప్రభావం గూర్చిన ఆందోళనలున్నాయి.

## సీఫ్లోర్ తవ్వకాల వల్ల జీవజాలంపై ప్రభావం :

సముద్రపు అట్టడుగు భాగంలో ఉండే 'సీఫ్లోర్'లో అపారమైన ఖనిజ సంపదతో పాటు అనేక వృక్ష, జంతుజాతులుంటాయి. వాస్తవానికి సముద్రమట్టానికి 3500-6500 మీటర్ల దిగువన కొన్ని చోట్ల అగ్నిపర్వతాలుంటాయి. వీటివల్ల సముద్రజలాలు వేడెక్కుతాయి. సూర్మరశ్మి లేకపోవడం, అత్యధిక స్థాయిలో పీడనం ఉండడంలాంటి వాతావరణంలో కూడా మనుగడ సాధించగలిగే జీవజాతులు చాలా ఉన్నాయి. కానీ ఇక్కడి జీవవైవిధ్యంపై పెద్దగా పరిశోధనలు జరగక పోవడం వల్ల ఇక్కడి జీవవైవిధ్యం గూర్చిన సరియైన అంచనాలు లేవు. అందుకే ఇక్కడి జీవజాలానికి, వాతావరణానికి ముప్పు రాకుండా ఎలా చూసుకోగలమనేది పర్యావరణవేత్తల

సందేహం. యంత్రాలతో సీఫ్లోర్‌ను తవ్వడం వల్ల అక్కడుండే జీవజాలం అంతరించిపోయే ప్రమాదముంది. తవ్వకాలు జరిపేటప్పుడు కొంతమేర వ్యర్థాలు వెలువడుతాయి. యంత్ర కాలుష్యం కూడా ఉంటుంది. దీనితో అక్కడి పర్యావరణం, జీవవైవిధ్యం దెబ్బతింటుంది. తిమింగలాలు, సొరచేపలు, ట్యూనీ చేపలు లాంటివి శబ్ద, కాంతి కాలుష్యాన్ని తట్టుకోలేవు. భూమిపై కాలుష్యాన్ని నివారించేందుకు సముద్రంలోని ఖనిజాలను వెలికితీస్తామనే ఆలోచన మంచిదే అయినా, దీని వల్ల అక్కడ జీవవైవిధ్యంకు సంభవించే ముప్పు గూర్చి కూడా ఆలోచించాలి. లేకపోతే ప్రస్తుతం భూమి అనుభవిస్తున్న దుస్థితి రేపు సముద్రం కూడా అనుభవిస్తుంది. అందుకే ఈ చర్యల వల్ల సంభవించే పర్యావరణ ప్రభావాన్ని ముందుగా మదింపు చేసి తగు రక్షణ చర్యల తీసుకున్నాకే సాగర గర్భంలో ఖనిజాల వెలికితీత గూర్చి ఆలోచించాలి.

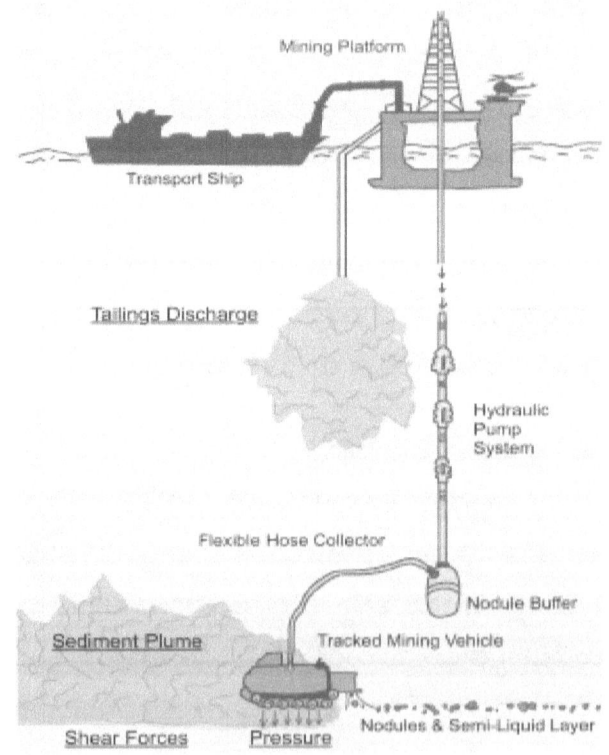

Source: https://en.wikipedia.org/wiki/Deep_sea_mining

-0-0-

# 18. రక్షిత త్రాగునీరు అందక ఫ్లోరోసిస్ బారిన జనం

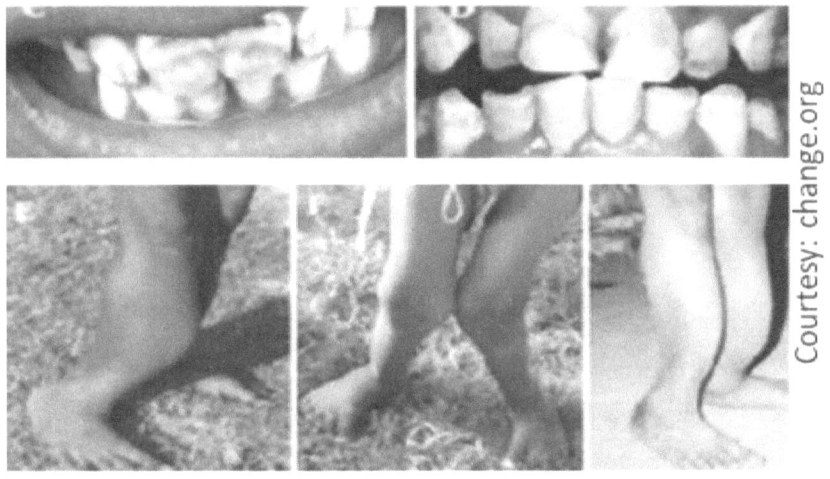

Courtesy: change.org

త్రాగుతున్న నీటిలో పరిమితికి మించి ఉండే ఫ్లోరైడ్ వల్ల దేశంలోని పలురాష్ట్రాల్లో జనం ఫ్లోరోసిస్‌తో బాధపడుతున్నారు. స్వాతంత్ర్యం రాకముందే దేశంలో ఈ సమస్యను గుర్తించినా, ఫ్లోరైడ్ లేని నీటిని పూర్తిస్థాయిలో సరఫరా చేయలేకున్నాం. మనదేశంలో ఫ్లోరోసిస్ బాధితులు కోటి 17 లక్షల మంది ఉన్నట్లు నేషనల్ ప్రోగ్రాం ఫర్ ప్రివెన్షన్ అండ్ కంట్రోల్ ఆఫ్ ఫ్లోరోసిస్ నివేదికలు చెబుతున్నాయి. ఒక మనిషికి రోజుకు కనీసం నాలుగు లీటర్ల రక్షిత నీరూ, పోషకాహారం అందకపోవడం వల్లే ఈ సమస్య ఉత్పన్నమయ్యింది.

రాష్ట్రాలను పీడిస్తున్న ఫ్లోరోసిస్ :

మన దేశంలో 19 రాష్ట్రాల్లోని 230 జిల్లాల్లో ఫ్లోరైడ్ సమస్య ఉంది. మనదేశ పరిస్థితుల దృష్ట్యా లీటరు తాగునీటిలో 1 మి.గ్రా. నుండి 1.5 మి.గ్రా. ఫ్లోరైడ్ మాత్రమే ఉండాలని ప్రపంచ ఆరోగ్యసంస్థ సూచించింది. కానీ తమిళనాడు, రాజస్థాన్, ఆంధ్రప్రదేశ్‌లలోని కొన్ని ప్రాంతాలలో ఫ్లోరైడ్ 29 మి.గ్రా. వరకు ఉన్నట్లు అంతర్జాతీయ ఫ్లోరైడ్ పరిశోధక సంస్థ నివేదికలు చెబుతున్నాయి. ఇక్కడ నీరు, ఆహారం ద్వారా ఒక వ్యక్తిలో గరిష్టంగా 3 మి.గ్రా. ఉండాల్సిన ఫ్లోరైడ్ అధికస్థాయికి చేరి శరీరానికి పోషకాలు అందకుండా చేస్తోంది. దీనితో పిల్లలు ఫ్లోరోసిస్‌తో బాధపడుతున్నారు. మహిళలు రక్తహీనత ఎదుర్కొంటున్నారు. దేశంలో 17 రాష్ట్రాల్లో

22 జిల్లాల్లో 5485 ఆవాసాల్లో ఫ్లోరైడ్ సమస్య ఉన్నట్లు కేంద్రప్రభుత్వం ఇటీవల ప్రకటించింది. ఇందులో 83 శాతం గ్రామాలు రాజస్థాన్, బీహార్, మధ్యప్రదేశ్, తమిళనాడు, పంజాబ్‌లలోనే ఉన్నాయి. చాలా రాష్ట్రాల్లో ఫ్లోరిన్ ప్రభావిత ఆవాసాలు తగ్గినట్లే తగ్గి మళ్లీ పెరుగుతున్నాయి. ఛత్తీస్‌గఢ్, బీహార్‌లలోను 2015తో పోలిస్తే ప్రస్తుతం ఫ్లోరిన్ ప్రభావిత ఆవాసాలు పెరిగాయి. తెలంగాణ రాష్ట్రంలో నల్గొండ జిల్లాలో ఫ్లోరోసిస్ వ్యాధిగ్రస్తులు ఎక్కువగా ఉన్నారు.

భూగర్భజలా విభాగం ప్రతి ఏటా వర్షాలకు ముందు ఒకసారి వర్షాల అనంతరం మరోసారి రాష్ట్రంలోని భూగర్భజల పరిస్థితులపై అధ్యయనం చేస్తుంది. వాస్తవానికి ఈటిలో 1 నుంచి 1.5 మి.గ్రా. లీటర్ వరకు ఫ్లోరైడ్ ఉంటే దాన్ని అనుమతించదగ్గ పరిమితిగా పరిగణిస్తారు. అంతకుమించితే ప్రమాదాలే. నల్గొండతో పాటు సంగారెడ్డి, రంగారెడ్డి, జగిత్యాల, యాదాద్రి, ఆసిఫాబాద్, హన్మకొండ జిల్లాల్లో ఫ్లోరైడ్ ఉన్నట్లుగా అధ్యయనాలు చెబుతున్నాయి. భూగర్భజల విభాగం అధ్యయనంలో వర్షాలకు ముందు మొత్తం తెలంగాణ రాష్ట్ర విస్తీర్ణంలో 15 శాతం మేర ఫ్లోరైడ్ విస్తరణ ఉంటే వర్షాల అనంతరం 11 శాతానికి తగ్గినట్లుగా, 2014 నుంచి ఆరేళ్లలో తగ్గిన ఫ్లోరైడ్ శాతం కేవలం 0.046 మి.గ్రా./ లీటరు మాత్రమే ఉన్నట్లు తేలింది.

భూగర్భజల విభాగం ప్రతి ఏటా వర్షాలకు ముందు ఒకసారి వర్షాల అనంతరం మరోసారి రాష్ట్రంలోని భూగర్భజల పరిస్థితులపై అధ్యయనం చేస్తుంది. వాస్తవానికి నీటిలో 1 నుంచి 1.5 మి.గ్రా. లీటర్ వరకు ఫ్లోరైడ్ ఉంటే దాన్ని అనుమతించదగ్గ పరిమితిగా పరిగణిస్తారు. అంతకు మించితే ప్రమాదాలే. నల్గొండతో పాటు సంగారెడ్డి, రంగారెడ్డి, జగిత్యాల, యాదాద్రి ఆసిఫాబాద్, హన్మకొండ జిల్లాల్లో ఫ్లోరైడ్ ఉన్నట్లుగా అధ్యయనాలు చెబుతున్నాయి. భూగర్భ జల విభాగం అధ్యయనంలో వర్షాలకు ముందు మొత్తం తెలంగాణ రాష్ట్ర విస్తీర్ణంలో 15 శాతం మేర ఫ్లోరైడ్ విస్తరణ ఉంటే వర్షాల అనంతరం 11 శాతానికి తగ్గినట్లుగా. 2014 నుంచి ఆరేళ్లలో తగ్గిన ఫ్లోరైడ్ శాతం కేవలం 0.046 మి.గ్రా./ లీటరు మాత్రమే ఉన్నట్లు తేలింది.

**ఫ్లోరోసిస్ లక్షణాలు :**

ఫ్లోరోసిస్ అనేది నొప్పిలేకుండా ఉండే సౌందర్య పరిస్థితి. ఫ్లోరోసిస్ ఉన్న పిల్లల దంతాల ఎనామిల్ రూపం మారుతుంది. సాధారణంగా ఫ్లోరోసిస్ వల్ల దంతాలు

శాశ్వతంగా పాడవవు. కానీ పండి ఎనామిల్ మీద గోధుమరంగు మచ్చలను తీవ్రమైన ఫ్లోరోసిస్ కేసుల్లో చూస్తుంటాం. ఇది పంటి ఎనామెల్‌కు శాశ్వత నష్టాన్ని కల్గిస్తుంది. దంతాలు తరచుగా తుప్పు పట్టినట్లు కనిపిస్తాయి. అలా దంతాలు బలహీనమౌతాయి. ఎముకలు కూడా దృఢత్వాన్ని కోల్పోతాయి.

ఫ్లోరోసిస్ నుండి రక్షణ ఎలా?

తెలంగాణలో జాతీయ పోషకాహార సంస్థ మరియు రాజస్థాన్‌లో యునిసెఫ్ చేసిన ప్రయోగాలు సురక్షిత తాగునీరు, సమతుల ఆహారంతో ఫ్లోరోసిస్‌ను అరికట్టవచ్చని చెబుతున్నాయి. కానీ రక్షితజలం, పౌష్టికాహారం ప్రభుత్వాలు స్వాతంత్ర్యం సిద్ధించిన ఏడున్నత దశాబ్దాల తర్వాత కూడా అందించలేకపోతున్నాయి. ఇదే విషయాన్ని ఆహార, వ్యవసాయ సంస్థ గణాంకాలు దృవీకరిస్తున్నాయి. ప్రభుత్వ విభాగాలు సమన్వయంతో రక్షిత మంచినీరు, పోషకాహారం అందించాలి. అంగన్‌వాడీ కేంద్రాలలో అల్యూమినియం పాత్రల్లో ఆహారం వండడం వల్ల అందులో అల్యూమినియం ఫ్లోరైడ్ మిశ్రమ ధాతువు లేర్పడడం అవి నరాల వ్యాధులకు దారి తీస్తున్నాయని నేషనల్ ఇన్‌స్టిట్యూట్ ఆఫ్ ఎన్విరాన్‌మెంటల్ హెల్త్ సైన్సెస్ నివేదికలు చెబుతున్నాయి.

తెలంగాణలో మిషన్ భగీరథతో రక్షిత మంచినీటి సరఫరా :

తాగునీటిని నదుల నుండి సరఫరా చేస్తే చాలా వరకు ఆరోగ్య సమస్యలు తగ్గుతాయని ఆరోగ్య నిపుణులంటున్నారు. నీటిశుద్ధి కేంద్రాల ద్వారా త్రాగునీటిని సక్రమంగా అందించేలా ప్రభుత్వాలు చర్యలు తీసుకుంటే చాలా ఆరోగ్య సమస్యల నుండి ప్రజలు బయటపడవచ్చు. 2024 నాటికి ప్రతి గ్రామంలో ఇంటింటికి రక్షిత నీరందించాలని జల్‌శక్తి మంత్రిత్వశాఖ ప్రయత్నిస్తోంది. అందులో భాగంగానే తెలంగాణలో మిషన్ భగీరథ పథకం ద్వారా గోదావరి, క్రిష్ణానదుల నుండి నీటిని శుద్ధి చేసి ప్రతీ ఇంటికీ పైపులైన్ల ద్వారా అందించేందుకు కార్యాచరణ చేసింది. మిషన్ బగీరథలో నదుల నుండి తీసుకున్న నీటిని అత్యున్నత ప్రమాణాలతో సహజ సిద్ధమైన ప్రక్రియలతో ఖనిజాలు, లవణాలు ఏమాత్రం పోకుండా సరఫరా చేయాలి. కాలుష్యానికి అవకాశం లేకుండా తాగునీటి ప్రమాణాలతో పైపులైన్ల ద్వారా సరఫరా చేయాలి.

ఇలా ప్రతీ ఇంటికి సురక్షిత నీరు అందిస్తే ఫ్లోరోసిస్ బారి నుండి బయటపడగలము. అలాగే వర్షపు నీటిని పటిక, సున్నంతో శుద్ధి చేసుకునే విధానాన్ని ప్రజలు అలవర్చుకోవాలి. పోషకాహారం పాఠశాల విద్యార్థులకు అందివ్వడం, ప్రాథమిక ఆరోగ్య కేంద్ర సిబ్బంది ద్వారా ఆరోగ్య పరీక్షలు చేసి పిల్లలకు, బాలింతలకు, ప్రజానీకానికి అవసరమైన మందులు ఇవ్వడం ద్వారా అందరికీ ఆరోగ్యాన్ని ఇవ్వొచ్చు. ప్రభుత్వ సేవలను సమర్థంగా వినియోగించుకునేలా పౌరసమాజం సహకరించాలి.

### Bureau of Indian Standards (BIS) for Safe Drinking Water
**(1ppm = 1mg / Lit)**

| Parameter (లక్షణం) | Acceptable limit (పరిగణనావధి) ppmలలో |
|---|---|
| pH | 6.5-8.5 |
| Total Dissolved Solids (TDS) | 500 |
| Turbidity | 1 NTU * |
| Total Hardness (as $CaCO_3$) | 200 |
| Total Alkalinity (as $CaCO_3$) | 200 |
| Total calcium hardness | 75-120 |
| Total magnesium hardness | 30-80 |
| Chloride | 250 |
| Residual chlorine | 0.2 |
| Sulphate | 200 |
| Nitrate | 45 |
| Fluoride | 1.5 |
| Iron | 0.3 |
| Manganese | 0.1 |
| Copper | 0.5 |
| Chromium | 0.05 |
| Arsenic | 0.01 |
| Bacteria | 1 cf / 100 ml * |

How to Prevent Fluorosis in Kids

Source: https://www.verywellhealth.com

* NTU: (Nephelometric Turbidity unit)

* cf : coliform

-0-0-

# 19. స్వచ్ఛమైన తాగునీరు ప్రతి ఒక్కరి ప్రాథమిక హక్కు

Source:https://www.sentinelassam.com/

నీరు ప్రకృతిలోని ప్రతిప్రాణికి జీవనాధారం, మానవ శరీరంలోని వివిధ కణజాలాలు, అవయవాలు పూర్తిస్థాయిలో సమర్థంగా పనిచేయాలంటే రోజుకు కనీసం ఎనిమిది గ్లాసుల నీరు అవసరం. మనం త్రాగే నీరు పరిశుభ్రంగా ఉండాలి. రక్షిత మంచి నీటి సరఫరా ఆరోగ్య ఆర్థిక వ్యవస్థకు గట్టి పునాది లాంటిది. నీటి ద్వారా వ్యాపించే వ్యాధుల వల్లే మనదేశంలో భారీస్థాయిలో కుటుంబాలకు ఆర్థికభారం పడుతున్నది.

తాగునీరు విషతుల్యం :

కేంద్ర జలవనరుల మంత్రిత్వశాఖ గణాంకాల మేరకు 2016-17 నాటికి దేశంలోని 65 శాతం మాత్రమే కులాయిల ద్వారా, చేతి పంపుల ద్వారా రక్షితమంచినీరు పొందినట్లు నివేదికలు చెబుతున్నాయి. ఇంకా వేలకొద్ది గ్రామాలు సాధారణ నీటి వసతికి దూరంగానే ఉన్నాయి. కేంద్ర ప్రభుత్వ అంచనా మేరకు మనదేశ ప్రస్తుత నీటి అవసరాలు సంవత్సరానికి 110 కోట్ల ఘనపు లీటర్లు 2025 నాటికి ఇది 120 కోట్ల ఘనపులీటర్లుగా 2050 నాటికి 144 కోట్ల ఘనపు లీటర్లుగా ఉండొచ్చని అంచనా. మనకు అందుబాటులో ఉన్న తాగునీటి నాణ్యాతా ప్రమాణాలు సంతృప్తిగా లేవని, నీటి స్వచ్ఛతను కొలిచే ప్రక్రియ మనదేశంలో ఉండాల్సినంతగా లేకపోవడం వల్ల అనేక ప్రాంతాల్లో నీరు - బాక్టీరియా, వైరస్, ఫంగస్‌లతో సీసం,

ఆర్సెనిక్, నికెల్, రాగి వంటి భారలోహాలతో కలుషితం అవుతున్నది.

**పాతాళ జలం - ప్రాణాంతకం :**

ప్రపంచవ్యాప్తంగా భూగర్భజలాల్లో హానికర రసాయనాలు పెరుగుతున్నాయి. కలుషిత భూగర్భ జలాలను దీర్ఘకాలం వినియోగించడం వల్ల తీవ్ర అనారోగ్య సమస్యలతో బాధపడుతున్నారు. హానికారక రసాయనాలు అధికంగా ఉండే అవక్షేప విక్షేపాలు, అగ్నిపర్వత శిలలు, నేలలు, బొగ్గు మొదలైనవి శిథిలం కావడం, కరగడం ద్వారా భూగర్భజలాల్లోకి ఈ రసాయనాలు ప్రవేశిస్తున్నాయి. బంగారం, బొగ్గు తవ్వకాలు పెట్రోలియం వెలికితీయడం, శిలాజ ఇంధనాలను దహనం చేయడం వల్ల వ్యవసాయంలో వినియోగించే శిలీంధ్రనాశకాలు, కలుపు సంహారకాలు, పురుగుమందుల పిచికారీ వంటి మానవ సంబంధ కార్యక్రమాల వల్ల కూడా హానికర రసాయనాలు భూగర్భజలాల్లోకి చేరుతున్నాయి. జాతీయ భూగర్భజల సంస్థ (2018) నివేదిక ప్రకారం బావుల లోతు భూఉపరితలం నుంచి 100 మీటర్ల కన్నా ఎక్కువ ఉన్న చోట్ల లీటరు భూగర్భజలంలో హానికర రసాయనం 0.01 మిల్లీ గ్రాముల కన్నా తక్కువగా, అదే బావుల లోతు 100 మీటర్ల కంటే తక్కువగా ఉన్న చోట్ల 0.01 మిల్లీగ్రాముల కన్నా ఎక్కువగా ఉన్నట్లు గుర్తించారు. జాతీయ తాగునీటి ప్రమాణాల సంస్థ ప్రకారం లీటరు తాగునీటిలో 0.01 మిల్లీ గ్రాముల కన్నా ఎక్కువగా హానికర రసాయనాలుండరాదు. అవి అధిక మోతాదులో ఉన్న నీటిని తాగితే చర్మ, ఊపిరితిత్తులు, మూత్రపిండాలు, గుండె, క్యాన్సర్ వ్యాధులు వచ్చే ఆస్కారముంది. కేంద్రీయ జల సంఘం 2019లో చేసిన అధ్యయనం ప్రకారం తెలుగు రాష్ట్రాలతో సహా సుమారు 20 రాష్ట్రాలలో లీటరు భూగర్భజలంలో 0.01 నుంచి 0.05 మిల్లీ గ్రాముల వరకు హానికారక రసాయనాలుంటున్నాయి.

**సురక్షిత జలమే బలం :**

నిజానికి ఎలాంటి రంగు, రుచి వాసన లేని నీరే ఆరోగ్యానికి అవసరం. తాగేనీటిలో సహజసిద్ధంగా లవణాలు, కాల్షియం, మెగ్నీషియం, నైట్రేట్, ఫ్లోరైడ్‌లు నిర్దేశించిన మేరకుండాలి. అవి పూర్తిగా లేకున్నా పరిమితికి మించి ఉన్నా ఆరోగ్యానికి నష్టం. నీటికి ఎలాంటి ఆమ్లత్వం ఉండకూడదు. టీడీయస్, కొన్ని రకాల లవణాలను పూర్తిగా తొలగిస్తే మనిషి శారీరక అవసరాలకు అవి అందకుండా పోతాయి. ముఖ్యంగా

టీడీయస్, కాల్షియం తగినంత లేకపోతే ఎముకలు బలహీనపడడం, ఎదుగుదల తగ్గడం వంటి దుష్పరిణామాలు సంభవిస్తాయి. అలాగే ఫ్లోరైడ్ శాతం ఎక్కువ ఉంటే ప్రమాదకరం. అదే సమయంలో ఫ్లోరైడ్ తగినంత లేకపోతే దంత సమస్యలొస్తాయి. రక్షిత మంచినీటి సరఫరాను వివిధ దశల్లో శుద్ధి చేయాలి. మొదటగా ఏరియేటర్లలో నీటిని పంపి, నీటిలో ఉండే కార్బన్ డై ఆక్సైడ్‌ను తీసేయాలి. తర్వాత క్లోరినేషన్ ప్రక్రియ ద్వారా బ్యాక్టీరియాను నశింపచేయాలి. తర్వాత ఉన్న మలినాలను అడుక్కుచేరేలా చేసేందుకు ఆలం కలపాలి. తర్వాత మరోసారి క్లోరినేషన్ చేసి ఓవర్‌హెడ్‌ట్యాంకులకు పంపి అక్కడి నుండి పైపుల ద్వారా ఇండ్లకు చేర్చాలి. ఇలా ఇంటికి వచ్చే నీరులో 0.2 శాతం క్లోరిన్ ఉండేలా జాగ్రత్తలు తీసుకోవాలి. మనం ఇళ్లలో వాడే మిని ఆర్వోప్లాంట్లు చాలా వరకు మెంబ్రేన్ సాంకేతికతతో పనిచేస్తాయి. ఆర్వో విధానంలో టీడీయస్ లీటరు నీటిలో కనీసం 160 మిల్లీగ్రాములుండేలా నీటి నాణ్యత పరీక్షలు చేయించుకోవాలి..

ప్రతి లీటర్ నీటిలో ఉండాల్సినవి (అంకెలు మిల్లీ గ్రాముల్లో)

| వ.సం | ప్రతి లీటర్ నీటిలో ఉండాల్సినవి | మిల్లీ గ్రాముల్లో |
|---|---|---|
| 1. | క్షార గుణ సాంద్రత | 600 |
| 2. | సంపూర కఠినత్వం | 200-600 |
| 3. | కాల్షియం | 75-200 |
| 4. | సల్ఫేట్ | 200-400 |
| 5. | మట్టి | 2.5 - 10 |
| 6. | కరిగిన వ్యర్థాలు | 500-1500 |
| 7. | ఉప్పు | 200-1000 |
| 8. | ఫ్లోరైడ్ | 0.6 - 1.5 |
| 9. | ఐరన్ | 0.1 - 1.0 |
| 10. | నత్రజని | 45 |
| 11. | హైడ్రోజన్ అయాన్ కాన్‌సంట్రేషన్ | 6.5 - 9.2 |

నీటి కాలుష్య తీవ్రత ప్రభావాన్ని తగ్గించాలి :

- త్రాగునీరులో ఆర్సెనిక్ కాలుష్య తీవ్రత ప్రభావాన్ని తగ్గించేందుకు శాస్త్రీయ పద్ధతునపయోగించాలి.

- నీటి మట్టాలు పెరిగే విధంగా వాననీటిలో భూగర్భంలో ఇంకేలా చేయాలి. భూ ఉపరితల, భూగర్భ జలాలను అదేపనిగా తోడేయడం కాకుండా రీచార్జికి ప్రాధాన్యమివ్వాలి. ఇలా హానికారక రసాయనాల ప్రభావాన్ని కొంత మేర తగ్గించొచ్చు.

- ఆర్సెనిక్ మూలాలు ఉన్న ప్రాంతాలలో ప్రభుత్వాలు తాగునీరు, సాగునీటిని ఉపరితల సురక్షిత నీరునే అందించాలి.

- హానికారక రసాయనాల కాలుష్యానికి కారణాలేమిటి, దాని వల్ల సంభవించే సమస్యలేమిటి, అనుసరించాల్సిన నివారణ పద్ధతుల గూర్చి విస్తృతమైన అవగాహన కల్పించాలి.

- ఎప్పటికప్పుడు నీటి నమూనాలను పరీక్షిస్తూ పరిశుభ్రమైన తాగునీటిని ప్రజలకందించేలా ప్రభుత్వాలు శ్రద్ధ వహించాలి.

Source: https://photos.com/      -0-0-

## ౨౦. జలవనరుల విధ్వంసం ఫలితమే వరదలు

దేశంలోని చాలా నగరాలలో వాటి చుట్టుప్రక్కల గతంలో ఉన్న చాలా చెరువులు కనిపించకుండా పోతున్నాయి. ఉన్న కొద్దిపాటి చెరువులు చాలా వరకు కబ్జాలపాలవుతున్నాయి. మురుగునీటిని, వ్యర్థాలను నేరుగా చెరువుల్లోకి వదులుతున్నారు. చెరువులే కాదు వాటిలోకి నీరొచ్చే, బయటకు వదిలే కాలువలు కూడా ఆక్రమణలకు గురవుతున్నాయి. వాటిపై నిర్మాణాలు వెలుస్తున్నాయి. చిన్న చిన్న నీటివనరుల ఆనవాళ్లే లేకుండా పోతున్నాయి. తూములు, అలుగులు ధ్వంసమై చెరువుల్లోకి నీరొచ్చే మార్గాలు, బయటకు వెళ్లే మార్గాలు గతంలో ఉన్నవి చాలా వరకు నామరూపాల్లో లేవని ప్రభుత్వ నీటిపారుదల శాఖ అధ్యయనాలు, నివేదికలు చెబుతున్నాయి.

ఈశాన్య రాష్ట్రాల మొదలు చెన్నై, ముంబయి, హైద్రాబాద్ వంటి నగరాలు వరద నీటి దెబ్బకు అల్లాడుతున్నాయి. ఈ సమస్యకు ప్రధాన కారణం పట్టణీకరణ, కబ్జాలు 2050 నాటికి దేశజనాభాలో సగం, పట్టణాల్లోనే స్థిరపడతారని అంచనా. దేశంలోని నగరాలు, మహా నగరాలు శరవేగంగా అభివృద్ధి చెందుతున్నాయి. కానీ, అవి ప్రణాళికా బద్ధంగా లేవనేందుకు వాటిని ముంచెత్తుతున్న వరదలే నిదర్శనం, వరదలు వచ్చినపుడు తాత్కాలిక సమస్య పరిష్కారాలతో దాటవేస్తున్నారు. సమస్యకు శాస్త్రీయమైన శాశ్వత పరిష్కారాల గూర్చి ఆలోచించట్లేదు.

ఏటా సంభవించే వివిధ రకాల విపత్తులతో దేశంలో సుమారు 70 వేల కోట్లదాక నష్టం వాటిల్లుతుండగా అందులో వరదల వల్ల జరుగుతున్న ఆర్థిక నష్టమే రూ॥ 51 వేల కోట్లని అంచనా. అపార ఆస్తి, ప్రాణనష్టం జరుగుతోంది. గత దశాబ్ద కాలాన్ని పరిశీలిస్తే ఢిల్లీ, బెంగుళూరు, చెన్నై, హైద్రాబాద్ సహా తాజాగా వరంగల్ కాకినాడ వరకు ఎన్నో నగరాలు వరదల దెబ్బకు అతలాకుతలమయ్యాయి. వాతావరణ మార్పులతో రెండు నెలల వ్యవధిలో కురవాల్సిన వానలు అయిదారు రోజుల్లోనే కురవడం వల్ల పట్టణాల్లో వరదలు పోటెత్తటానికి ఒక కారణంగా చెప్పొచ్చు. భారీవర్షాలు కురిసినపుడు భూమిలో ఇంకని నీరు వరద కాలువల ద్వారా చెరువులు వాగులు, నదుల్లోకి వెళ్లిపోవాలి. కానీ అనేక నగరాల్లో వందల సంఖ్యలో చెరువులు కనుమరుగవుతున్నాయి. అక్కడ కాలువలు ప్రత్యక్షమవుతున్నాయి. నాలాలు

అ(క్రమణకు గురవుతున్నాయి. హైద్రాబాద్‌లో 375, ఢిల్లీలో 274, వరంగల్‌లో 52 చెరువులు ఆక్రమణకు గురై కనుమరుగైనట్లు నివేదికలు చెబుతున్నాయి.

హైద్రాబాద్ నగర చెరువులకు చేటు :

వర్షాకాలంలో మరియు అపసవ్య ఋతుపవనాల వల్ల 2000 ఆగస్టు 23, 24 తేదీల్లో హైద్రాబాద్‌లో 240 మి.మీ. వర్షపాతం నమోదైంది. అనేక కాలువలు నీట మునుగడంతో పాటు వేలాదిమంది నిరాశ్రయులయ్యారు. తర్వాతి కాలంలో హైద్రాబాద్‌లో చాలాసార్లు ఇదే పరిస్థితి పునరావృతం అయ్యింది. ఇలాంటి పరిస్థితులు తలెత్తడానికి గల కారణాలు, తీసుకోవాల్సిన చర్యల గూర్చి కిర్లోస్కర్ కన్సల్టెంట్స్ సమగ్రంగా అధ్యయనం చేసి పలు సిఫార్సులు చేసింది. అందుకోసం ముఖ్యమైన 28 డ్రెయిన్లతో పాటు, ద్వితీయ సరిహద్దు ప్రాంతాల్లోని మొత్తం 78 డ్రెయిన్లపై అధ్యయనం చేసింది. నగరంలో 18 ప్రధాన ఆశయాలుండగా, అత్యంత ప్రాధాన్యం గల హుస్సేన్‌సాగర్, ఉస్మాన్ సాగర్, హిమాయత్ సాగర్, మీరాలం ట్యాంకు గురించి లోతైన అధ్యయనం చేసింది. అలాగే ఇన్‌స్టిట్యూట్ ఆఫ్ అడ్వాన్స్‌డ్ సంస్థ హైదరాబాద్‌కు కీలకమైన హిమాయత్‌సాగర్, ఉండాసాగర్, మీరాలం చెరువులు వాటి పరీవాహకం లోని నీటి వనరులు 1978లో ఎలా ఉన్నాయో, 2017 దాటికి ఎలా ధ్వంసమయ్యాయో అధ్యయనం చేసి నివేదిక ఇచ్చింది. ఈ రెండు నివేదికల సారాంశమేమంటే హైద్రాబాద్ నగరాల్లో చెరువులు, కుంటలు, జలవనరుల్ని ధ్వంసం చేయడం వల్లే నగరంలో వరదలొస్తున్నాయి.

కిర్లోస్కర్ నివేదిక అధ్యయనం, సిఫార్సులు :

1) నాలాలు ధ్వంసం అవడానికి కారణాలు:

గంటకు 12 మి.మీ. వర్షపాతాన్ని లెక్కలోకి తీసుకొని డ్రెయిన్లను నిర్మించడం, చెరువులు తెగిపోవడం వల్ల వరదలు పోటెత్తాయి. ఇంకా వరద నీటిని నిల్వ చేయాల్సిన చాలా చెరువులు అదృశ్యం కావడం, వ్యర్థ పదార్థాలు, చెత్తనాలాల్లో వేయడం, నీటి ప్రవాహ మార్గాలను ఆక్రమించుకోవడం, నీటి ప్రవాహ మార్గాల్లో పట్టా భూములు, చెరువుల వెనుక భాగంలో హౌసింగ్ కాలనీలు రావడం, సర్వీసులైన్లు ఎలా పడితే అలా వేయడం, రోడ్ల పక్కనే బిల్డింగ్ మెటీరియల్

వేయడం వల్ల డ్రెయిన్ల దెబ్బతినడం, నీటి ప్రవాహ మార్గాలను మళ్లించడం మొదలగునవి ఇందుకు కారణాలుగా కిర్లోస్కర్ కమిటీ చెప్పింది.

2) తీసుకోవాల్సిన చర్యలు, సిఫార్సులు

ప్రధాన డ్రెయిన్‌కు ఇరువైపులా 10 నుంచి 20 మీటర్లు అభివృద్ధి చేయని జోన్‌గా రిజర్వు చేయాలి. ఇప్పటివరకు గట్టు ఆక్రమణకు గురి కాని డ్రెయిన్లను గుర్తించి ఈ పని చేయాలి. నీటి ప్రవాహ మార్గాలకు అడ్డు లేకుండా అందులో చెత్తా, భవన నిర్మాణ వ్యర్థాలు వేయకుండా గట్టి చర్యలు తీసుకుంటూ డ్రెయినేజీ వ్యవస్థను ఆధునీకరించాలి. చెరువుల్లో పూడిక తీసి వాటి సామర్థ్యాన్ని పెంచాలి. మూసీనదిలోతు పెంచి, ఎలాంటి అడ్డంకులు లేకుండా మూసీనది ప్రవహించేలా చర్యలు తీసుకోవాలి. ఏడాది పొడవునా డ్రెయిన్ వ్యవస్థను పర్యవేక్షించడానికి నగరపాలక సంస్థలు, జలమండలి పౌరసమాజం, స్వచ్ఛంద సంస్థల ప్రతినిధులతో కమిటీలు వేసి పర్యవేక్షించాలి.

ఇన్‌స్టిట్యూట్ ఆఫ్ అడ్వాన్స్‌డ్ నివేదిక ముఖ్యాంశాలు :

1) హిమాయత్ సాగర్ బేసిన్ :

ఈ చెరువు బేసిన్ 41.22 శాతం నీటి విస్తరణ ప్రాంతాన్ని కోల్పోయింది. ఇక్కడి చెరువుల విస్తీర్ణం 2,08,183 హెక్టార్ల నుంచి 12,23,238 హెక్టార్లకు తగ్గింది. నగరానికి తాగు నీరందించే ఈ జలాశయం పరీవాహక ప్రాంతంలోని 108.27 చ.కి.మీ. విస్తీర్ణంలో 23 చెరువులు, కుంటలుండేవి 1978-2017. సంవత్సరాల మధ్య 857.857 హెక్టార్ల విస్తీర్ణం ఉన్న నీటి వనరులు కనిపించడం లేదు.

2) మీరాలం బేసిన్ :

ఈ చెరువు పరీవాహక ప్రాంతంలో 21 చెరువులు, కుంటలకు గాను 8 మాత్రమే మిగిలాయి. దీని మొత్తం విస్తీర్ణం 206.93 హెక్టార్లు కాగా ప్రస్తుతం 164 హెక్టార్లు మిగిలింది.

3) ఉందాసాగర్ బేసిన్ :

ఇక్కడ 27 చెరువులు కుంటలుంటే ప్రస్తుతం 9 మిగిలాయి. ఈ బేసిన్ మొత్తం నీటి వనరుల విస్తీర్ణం 236.02 హెక్టార్లు కాగా 2017 నాటికి 133.65 హెక్టార్లు మాత్రమే మిగిలింది.

పై మూడు పరీవాహక ప్రాంతాలలో కచ్చారోడ్లు, ఫాంహౌస్‌లు డంపింగ్ యార్డ్‌లు, పారిశ్రామిక వ్యర్థాలు వేయడం లాంటి చర్యల వల్ల జలవనరుల విధ్వంసం యధేచ్ఛగా జరుగుతున్నది.

**ప్రపంచాన్ని కుదిపేసిన పది ప్రధాన విపత్తులు**

**(ఆర్థిక నష్టం ప్రాతిపదికన వరస క్రమంలో)**

| వ.సం | విపత్తు | దేశం | ఆర్థిక నష్టం (కోట్ల డాలర్లలో) |
|---|---|---|---|
| 1. | అట్లాంటిక్ హరికేన్ మధ్య అమెరికా | యు.ఎస్.ఏ. | 4100 |
| 2. | వరదలు | చైనా | 3200 |
| 3. | పశ్చిమ తీరంలో పెనుమంటలు | యు.ఎస్.ఏ. | 2000 |
| 4. | లింఫన్ తుఫాను | భారత్, బంగ్లాదేశ్ | 1300 |
| 5. | వరదలు | భారత్ | 1000 |
| 6. | వరదలు | జపాన్ | 850 |
| 7. | మిడతల మూకదాడులు | తూర్పు ఆఫ్రికా | 850 |
| 8. | గాలి తుఫానులు సియరా, ఆలెక్స్ | ఐరోపా | 590 |
| 9. | కార్చిచ్చులు | ఆస్ట్రేలియా | 500 |
| 10. | వరదలు | పాకిస్తాన్ | 150 |

వరదల ముప్పును ఎదుర్కోవడం ఎలా?

- వరదలు, ముంపును అరికట్టడానికి కమిటీలు, నీటి రంగ నిపుణుల సిఫార్సులను పక్కాగా అమలు చేయడం పాలకుల తక్షణ కర్తవ్యం కావాలి. అందుకు పౌరసమాజం కూడా సహకరించాలి.
- పట్టణాలకు పెనుసవాలు విసురుతున్న వరద నష్టాలను అరికట్టేందుకు తరచూ వరద తాకిడికి గురవుతున్న నగరాలు, పట్టణాల్లో వర్షపాతం గణాంకాల ఆధారంగా ప్రభుత్వాల పకడ్బందీ ప్రణాళికల రూపొందించి అమలు చేయాలి.

- పట్టనాభివృద్ధిలో డ్రైనేజీ వ్యవస్థకు ప్రాధాన్యం ఇవ్వాలి.
- నాలాలపై ఆక్రమణలు లేకుండా 'బఫర్ జోన్' ఏర్పాటు చేయాలి.
- మురుగు, వరద నీరు ప్రవహించేందుకు వేర్వేరు వ్యవస్థలుండాలి.
- సాంకేతిక పరిజ్ఞానం ద్వారా ముందస్తు వరద హెచ్చరిక వ్యవస్థలను ఏర్పాటు చేయాలి.
- ప్రధాన నగరాలు, పట్టణాలలో చెరువుల నిర్వహణ పర్యవేక్షణ కోసం ప్రత్యేకించి ఒక ప్రాదికార సంస్థను ఏర్పాటు చేయాలి.

Source: https://www.thehindu.com/

-0-0-

## 21. దేశీయ జలరవాణా

భారత్‌లో నీటి రవాణా దేశ మొత్తం ఆర్థిక వ్యవస్థలో గణనీయమైన పాత్ర పోషిస్తున్నది. విదేశీ వాణిజ్యానికి ఇది చాలా అవసరం కూడా. నదులు, కాలువలు, బ్యాక్ వాటర్స్, క్రీక్స్ సముద్రాలు మరియు మహాసముద్రాల ద్వారా అందుబాటులో ఉన్న సుదీర్ఘ తీర ప్రాంతాల రూపంలో భారత్‌లో విస్తృతమైన జలమార్గాల నెట్‌వర్క్ ఉంది. ఇది ఏ విధమైన రవాణాకైనా, ఎంత పెద్ద వాటినైనా మోసుకెళ్లే సామర్థ్యం కలిగి ఉంది. ఇంకా భారీ వస్తువులను సుదూర ప్రాంతాలకు తీసుకెళ్లడానికి అత్యంత అనుకూలంగా ఉంటుంది. భారత్‌లో అత్యంత చౌకైన రవాణా మార్గాలలో ఇదొకటి. ఎందుకంటే ఇది సహజట్రాక్‌ను సద్వినియోగం చేసుకుంటుంది మరియు కాలువల విషయంలో తప్ప నిర్మాణం మరియు నిర్వహణలో భారీ మూలధన పెట్టుబడి అవసరం లేదు. ఈ విధానంలో ఇంధనం కూడా తక్కువ ఖర్చే అవుతుంది కాబట్టి నిర్వహణ వ్యయం తక్కువే. కార్బన్ ఫుట్‌ప్రింట్ కూడా తక్కువే కాబట్టి పర్యావరణ ప్రభావాన్ని తగ్గించడానికి దోహదం చేస్తుంది. భారతదేశంలో 14500 కిలోమీటర్ల లోతట్టు జలమార్గాలున్నాయి. కాని అందులో కేవలం 5685 కి.మీ. మాత్రమే మెకనైజ్డ్ నాళాల ద్వారా రవాణాకు అనుకూలంగా ఉన్నాయి. స్వాతంత్ర్యానంతరం భారత్ షిప్పింగ్‌లో కొంత పురోగతిని సాధించి, ఆసియాలో రెండవ అతిపెద్ద షిప్పింగ్ దేశంగా మరియు ప్రపంచంలో ఆరవ అతిపెద్ద షిప్పింగ్ దేశంగా అవతరించింది. ప్రపంచంలోని చాలా షిప్పింగ్ మార్గాలలో భారతీయ నౌకలు తిరుగుతున్నాయి. భారతదేశంలో 6100 కిలోమీటర్ల పొడవైన తీరప్రాంతం ఉంది. కానీ కేవలం 12 ప్రధాన పోర్టు మాత్రమే ఉన్నాయి.

ముంబైలోని జవహర్‌లాల్ నెహ్రూ పోర్టు ప్రధాన ఓడరేవుగా అభివృద్ధి చేయబడి పూర్తిస్థాయిలో యాంత్రిక పోర్టుగా ఉన్నది. ఇది అత్యధిక సంఖ్యలో నౌకలను మరియు వాణిజ్యాన్ని నిర్వహిస్తుంది. తర్వాతి స్థానంలో కండ్ల (గుజరాత్), విశాఖపట్నం (ఆంధ్రప్రదేశ్) పోర్టులున్నాయి. కోల్‌కతా ఆసియాలోనే అతిపెద్ద లోతట్టు నౌకాశ్రమంగా ఉంది. యునైటెడ్ స్టేట్స్ మరియు యురోపియన్ యూనియన్ వంటి ఇతర పెద్ద దేశాలు మరియు భౌగోళిక ప్రాంతాలతో పోలిస్తే భారతదేశంలో నీటి మార్గాల ద్వారా సరకు రవాణా చాలా తక్కువగా జరుగుతున్నది. లోతట్టు జలమార్గాల

ద్వారా భారత్‌లో మొత్తం సరకు రవాణా అయ్యేది కేవలం 0.1 శాతమే (టన్నుల కిలోమీటర్లలో) ఇది యునైటెడ్ స్టేట్స్‌లో 21 శాతంగా ఉన్నది.

### జలనిధి - అభివృద్ధికి పెన్నిధి

ప్రస్తుత ప్రపంచ వాణిజ్యంలో చైనా వాటా 17 శాతం, భారత్‌ది 2.6 శాతం మాత్రమే. ప్రస్తుతం అంతర్జాతీయ వాణిజ్యం ప్రధానంగా సాగర జలాలగుండానే జరుగుతోంది. భారత సరకుల వాణిజ్యంలోనూ 95 శాతం సముద్ర మార్గాల ద్వారా సాగుతున్నది. మొత్తం వాణిజ్య విలువలో 75 శాతానికి సముద్రాలో ఆలవాలం. మన చమురు, సహజవాయువు దిగుమతుల్లో 80 శాతం సముద్ర ట్యాంకర్ల ద్వారా జరుగుతుంది. కాని జలరవాణాలో మన ఆర్థిక వ్యవస్థను పెంపొందించుకునేందుకు ప్రస్తుతమున్న 12 ప్రధాన ఓడరేవులు 205 చిన్న ఓడరేవులు ఏమాత్రం సరిపోవు. అందుకే రేవుల ఆధునీకరణ, లోతట్టు ప్రాంతాలను వాటితో అనుసంధించడం, ఓడరేవుల కేంద్రంగా పారిశ్రామికీకరణ సాధించడం. సముద్ర తీరాల వెంబడి నౌకాయానం ద్వారా అభివృద్ధి సాధించేందుకు యాంత్రీకరణ, డిజటలీకరణ ద్వారా రేవుల నిర్వహణ సామర్థ్యాన్ని పెంచడం. ఓడరేవుల్లో పునరుత్పాదక ఇంధనాలతో ఉత్పత్తి చేసిన విద్యుత్‌ను వాడటం. పర్యాటకాన్ని ప్రోత్సహించడం, ప్రధాన ఓడరేవుల్లో సౌర, పవన విద్యుత్ కేంద్రాలను నిర్మించి ఆ రేవులకు కావల్సిన విద్యుత్‌ను పునరుత్పాదక వనరుల నుంచే లభ్యమయ్యేలా భారత్‌లో కృషి సల్పాలి.

### నౌకా రవాణాతో ప్రగతి తీరాలకు అందుకు కాలువలూ కీలకమే :

ఒక లీటరు ఇంధనంతో 24 టన్నులు, రైల్వేలో 85 టన్నులు, జలమార్గంలో 105 టన్నుల సరకను తరలించవచ్చని అధ్యయనాలు చెబుతున్నాయి.

ప్రస్తుతం గంగా-భగీరథి, హుగ్గీ, బ్రహ్మపుత్ర, బాకా, గోవాలోని నదులు, కేరళ, ముంబయి, కృష్ణా, గోదావరి నదుల డెల్టా ప్రాంతాల్లో అంతర్గత జలమార్గాల ద్వారా సరుకు రవాణా సాగుతోంది. జలరవాణా పర్యావరణహితం. సురక్షితం. చౌక. ఇందులో ప్రమాదకర సరకులను సైతం రవాణా చేయవచ్చు. తద్వారా రోడ్లపై రద్దీ, ప్రమాదాలను తగ్గించవచ్చు. ప్రస్తుతం ఉన్న జాతీయ జలమార్గాలను, అంతర్గత కాలువలను రేవులతో అనుసంధానిస్తే మంచి ఫలితాలుంటాయి. రేవుల ఆధారిత

అభివృద్ధిని సాధించేందుకు దేశంలో అంతర్గతంగా కాలువలను కూడా మెరుగుపరచాలి. వీటిద్వారా సరకు రవాణా మరింతగా చవకైన మార్గం ఉదాహరణకు ఎన్టీపీసీ పశ్చిమ బంగాలోని ఫరక్కా విద్యుదుత్పాదన కేంద్రానికి గంగా కాలువ ద్వారా బొగ్గు రవాణా చేసి టన్నుకు రూ. 450 ఆదా చేస్తుంది. ఏటా 30 లక్షల టన్నులను గంగా కాలువ ద్వారానే రవాణా చేస్తున్నది. సరకులను రోడ్డు ద్వారా ఒక కిలోమీటర్ దూరం రవాణా చేసేందుకు 2.50 రూపాయలు ఖర్చయితే, రైలు ద్వారా 1.40 అదే కాలువమార్గంలో రూపాయిలోపే వ్యయమవుతుంది. రోడ్డు, రైలు రవాణాలో పెట్రోల్, డిజిల్ కారణంగా తలెత్తే వాయు కాలుష్య సమస్యను జలరవాణాతో తగ్గించవచ్చు. దేశమంతా కాలువలతో అనుసంధానమైతే, ఆ వ్యవస్థను పొరుగుదేశాలైన నేపాల్, భూటాన్, బంగ్లాదేశ్‌లకూ విస్తరించి, వాణిజ్యాన్ని మరింత వృద్ధి చేయవచ్చు. ముఖ్యంగా సముద్రతీరమే లేని నేపాల్, భూటాన్‌లకు భారతరేవుల గుండా ఎగుమతి, దిగుమతులు చేసేందుకు కాలువలు తోడ్పడుతాయి. ఆగ్నేయాసియా దేశాలతో అనుసంధానించే బహువిధ రవాణా యంత్రాంగంలో రోడ్లు, రైలు, నౌకా మార్గాలకు తోడు కాలువలూ అంతర్భాగంగా ఉంటాయి. మరో ముఖ్యమైన విషయం, మన సాగరతీరంలో మత్స్యకారులతో సహా మొత్తం 20 కోట్ల మంది నివసిస్తున్నారు. వీరికి నైపుణ్య శిక్షణ ఇచ్చి రేవుల ఆధారిత అభివృద్ధి ప్రక్రియలో భాగస్వాముల్ని చేస్తే ప్రగతిని పరుగులు పెట్టించొచ్చు.

Source: https://www.orfonline.org/ -0-0-

## ౨౨. నీటి ప్రైవేటీకరణ

Source: https://endwaterpoverty.org/

మనదేశంలో నీరు ఒక ప్రైవేట్ సరుకుగా చాలా కాలంగా ఉంటున్నది. భూగర్భజలాలనేవి ప్రైవేటు ఆస్థిగా పరిగణింప బడుచున్నవి. భూమి మీద అధికారమున్న వాడికి ఆ భూమి క్రింద ఉన్న నీరుపై కూడా హక్కు ఉంటుంది. భూమి అడుగున ఉన్న జలాల విస్తీర్ణం, పైనున్న భూమి కన్నా ఎక్కువయినా, ఆ భూమి స్వంతదారుడు ఆ నీటిని పరిమితులు లేకుండా తోడుకోవచ్చు. పరిమితులు లేని ఈ అందుబాటు అనేది మార్కెటింగు అభివృద్ధికి దారి తీసింది. గత కొన్ని దశాబ్దాలుగా నీటి ప్రైవేటీకరణలో అనేక కొత్త పరిణామాలు సంభవించాయి. బాటిళ్లలో నీరు అమ్మడం అనేది ప్రైవేటీకరణలో ఒక పరిణామం. దాహంగా ఉన్న వారికి త్రాగునీరు అందించడం, వేసవిలో చలికేంద్రాలు ఏర్పాటు చేసి మంచినీరు ఉచితంగా అందించడం మన సాంప్రదాయం. కాని ఇలాంటి దేశంలో బాటిళ్లతో నీళ్లు అమ్మడం మార్కెట్ శక్తుల గురించి తెల్పుతున్నది. ఈ ఆకర్షణీయమైన మార్కెటును ప్రైవేట్ వ్యక్తులు, బహుళజాతి కంపెనీలు భూగర్భ జలాలను అపారంగా వెలికితీసి నీటి వ్యాపారం, కార్బొనేటెడ్ శీతల పానీయాల వ్యాపారం చేస్తున్నాయి. కొత్తగా జరుగుతున్న పరిణామాలు నీటి ప్రైవేటీకరణ స్వరూపంలో మౌలికమార్పును సూచిస్తున్నాయి.

గతంలో రైతులు బోర్‌వెల్స్ రంగంలోనూ, కంట్రాక్టర్లు ట్యాంకర్ సప్లై రంగంలోనూ ప్రైవేటువారుగా ఉండగా, ప్రస్తుత కాలంలో వారి స్థానాన్ని బహుళజాతి కార్పోరేషన్లు ఆక్రమించాయి. బహుళజాతి కంపెనీలకు జవాబుదారీతనం లేదు. ప్రజలకు అవి అందుబాటులో ఉండవు. పర్యావరణము, ప్రజారోగ్యము వంటి ప్రజాప్రయోజన సమస్యల పట్ల ఇవి బాధ్యత తీసుకోవు. ఇవి వారి షేర్‌హోల్డర్లకు మాత్రమే జవాబుదారిగా ఉండి వారి ప్రయోజనాల కోసం మాత్రమే పనిచేస్తాయి.

**నీటి పంపిణీ ప్రైవేటీకరణలోని అంశాలు :**

నీటి పంపిణీ ప్రైవేటీకరణ అంటే డ్యాంలు, కాలువలు, ఫిల్టరేషన్ పంపిణీల నుండి మురుగు నీటి మలినాల నిర్మూలన చేసి బయటకు విడిచిపెట్టే వరకు అన్ని దశలు కలిసి ఉంటాయి. నీటి పంపినీ మరియు పరిశుభ్రత ప్రైవేటీకరణ అనేది వివిధ స్థాయిలలో వివిధ రకాలుగా ఉంటుంది. ఇందులో సర్వీసు కంట్రాక్టులు, లీజు, నిర్మాణం చేసి స్వంతహక్కులు కలిగి నిర్వహణ చేసి బదలాయింపు (బూట్) చేసే కంట్రాక్టులు, రాయితీలు, ప్రభుత్వం తన వాటాను అమ్మడానికి పెట్టగా దానిని ప్రైవేటు కంపెనీలు పాక్షికంగా, సంపూర్ణంగా ప్రైవేట్ కంపెనీలు చేజిక్కించుకోవడం లాంటి అంశాలున్నాయి. అత్యధిక సందర్భాల్లో ధరలను నిర్ణయించడంతో సహా అన్ని పనులనూ చేపట్టే స్వతంత్ర రెగ్యులేటరీ (నియంత్రణ) వ్యవస్థను నియమించడం కూడా ప్రైవేటీకరణ క్రమంలోని ఒక అంతర్భాగమే. భారతదేశంలో జలరంగం ప్రైవేటీకరణ, నీటిరంగం మొత్తాన్ని ప్రైవేటీకరించడం మరియు నీటి రంగ సంస్కరణలు అనే రెండు పద్ధతుల్లో చేస్తారు.

నీటి రంగం మొత్తానికి ప్రైవేటీకరించడం అనే పద్ధతిలో బూట్ ప్రాజెక్టులు, యాజమాన్య కాంట్రాక్టులుంటాయి, నీటి రంగ సంస్కరణల పద్ధతిలో భాగంగా ఆంక్షల సడలింపు. స్వతంత్ర నియంత్రణ అథారిటీ ద్వారా రాజకీయ జోక్యం నివారించడం, రేట్లను పెంచడం, పూర్తి ఖర్చును రాబట్టుకోవడం, సబ్సిడీలను ఎత్తివేయడం, చెల్లింపులు చేయకపోతే నీటి పంపినీని నిలిపివేయడం, ప్రజానుకూల అంశాలను తొలగించడం, ప్రభుత్వ ప్రైవేట్ భాగస్వామ్యం, మార్కెట్ యంత్రాంగం ద్వారా నీటిని ఎక్కువ రేట్లు ఇచ్చేవారికి అందించడం అనే విషయాలొస్తాయి.

ప్రైవేటు కంపెనీల దృష్టిలో నీరు వ్యాపార, వినిమయ వస్తువు :

ప్రైవేట్ కంపెనీల లక్ష్యం లాభం. ఇదే దాని మౌళికమైన ఏకైక చోదకం. ఇందులో భారీగా చార్జిలే పెరుగుతాయి. ఇంకా లాభాలవేటలో 'ఖర్చు తగ్గింపు' అనేది 'మూలాలు కత్తిరించే' స్థాయికి వెళుతుంది. విచిత్రమేమంటే ప్రైవేటీకరణ జరిగిన నీటి వ్యవస్థలలో చాలా వాటికి పెట్టుబడులు ప్రజావనరుల నుండే వస్తున్నాయి. రాయితీలున్న చోట కూడ ప్రపంచబ్యాంకులాంటి అభివృద్ధి బ్యాంకుల నిధులు వస్తూనే ఉన్నాయి. కార్పోరేట్లకు పెట్టుబడిపై లాభాలే ప్రధాన ధ్యేయం కాబట్టి వచ్చిన లాభాలలో సాంఘిక సంక్షేమానికై ప్రైవేటు కంపెనీలు అస్సలే ఖర్చుపెట్టవు. పెట్టుబడులు తీసుకురావడమే కాకుండా ప్రైవేటు సంస్థలు నీటి వ్యవస్థలను పబ్లిక్ రంగం కన్నా మెరుగ్గా నిర్వహించబడుతుందని చెపుతారు. కానీ, అనుభవంలో సామర్థ్యం అనేది ప్రైవేట్ సెక్టారుకే గుత్తగా లేదనీ, అనేక పబ్లిక్ రంగ సంస్థలు ఎంతో సమర్ధవంతంగా పనిచేస్తున్నాయని రుజువైంది. సమర్ధత అనేది నిర్వహణా పారదర్శకత, జవాబుదారీతనం, నియంత్రణా, సామాజిక అవసరాలు వాటి విషయాలపై ఆధారపడి ఉంటుంది.

ప్రపంచ వ్యాప్తంగా ప్రైవేటీకరణ ఊపందుకున్న దేశాలలో 'పూర్తి ధర చెల్లించినపుడే సేవలు అందుతాయి' అనే సూత్రం కనబడుతున్నది. నీటిరంగం ప్రైవేటు సంస్థల చేతుల్లోకెల్లడం అంటే దానిని ఒక వినిమయ, వ్యాపారసరకుగా చూడటమే. అనేక చోట్ల నీటిరంగంలో సంస్కరణలు తెచ్చి వాటికనుగుణంగానే చట్టాలు తయారుచేస్తున్నాయి. ప్రైవేటీకరణ వల్ల అత్యంత కీలకమైన దేశీయ, వనరులు, విదేశీ, స్వదేశీ ప్రైవేట్ కంపెనీల అదుపులోకి వెల్లుతాయి. దీని వల్ల దేశ సర్వసత్తాక స్థితికే ప్రమాదం సంభవిస్తుంది. నీరు వంటి ఒక ప్రధాన వనరు వినిమయసరకుగా మార్చి, దానితో వ్యాపాయం చేయడం అంటే, దాన్ని కొనే శక్తి లేనివారికి, అది వాడే అవకాశం లేనట్లే. ఇప్పటికే దుర్భర జీవితాలు గడుపుతున్న అనేక మంది పేదలు మరింత దరిద్రులవుతారు. త్రాగేందుకు గుక్కెడు నీళ్ల కూడా దొరక్కపోతే అది తప్పనిసరిగా సామాజిక అశాంతికి దారితీస్తుంది. ప్రైవేటీకరణ ఏ ఒక్కరంగంలోనూ ప్రాథమిక సమస్యలను పరిష్కారించిన దాఖలాలు లేవు. వనరుల పరిరక్షణ, వనరులను పరిపుష్టం చేయటం, పంపకంలో సమతుల్యత, పర్యావరణ పరిరక్షణ వంటి ఫలితాలు ఎంత మాత్రం ప్రైవేటీకరణ వల్ల ఒనగూడలేదు.

**సంస్కరణల స్వభావం :**

సంక్షేమ రాజ్యంగా భావింపబడుతున్న ఈ దేశంలో సామాజిక బాధ్యతలను వదిలేసి పేద, బడుగు వర్గాల ప్రజల ప్రయోజనాలను ఫణంగా పెట్టి సంస్కరణలు ముందుకు తీసుకెళ్లడం సరికాదు. సంస్కరణలు నీటి రంగంలోని అనేక క్లిష్టమైన అంశాలైన నీటి వనరుల కొరత, ఉన్న వనరులు కూడా క్రమేణా అంతరించి పోతుండడం, ఉన్న వనరులను పరిరక్షించడం, అన్ని వనరులూ సమతుల్యతతో వినియోగించడం, పర్యావరణాన్ని పరిరక్షించే విధంగా నీటి వినియోగం చెయ్యటం వంటి అంశాలను గమనంలోకి తీసుకోలేదు. వివిధ దేశాల్లో ఉన్న భిన్న భౌతిక, ఆర్థిక, సాంస్కృతిక మరియు సామాజిక నిర్మాణాలను గమనంలోకి తీసుకోకుండా ఒకే మూసలో పోసినట్లు ఒకే విధమైన సంస్కరణలను, అన్ని దేశాలను రుద్దడం సబబుకాదు. అమ్మకానికి నీరు తయారు చేసి పర్మిట్లు అందులో పర్యావరణ కాలుష్యపర్మిట్లు ఇవ్వడం అంటే ఈ రంగాన్ని పూర్తిగా ధనిక వ్యాపారస్థుల పరం చేయడం మరియు యధేచ్ఛగా వాతావరణాన్ని కాలుష్యం చేసే హక్కును, వారికి దాఖలు పరచటమే అవుతుంది. నీటిని వ్యాపార సరకుగా మార్చడంతో నీటిని అమ్మడం మరియు కొనుటకు హక్కు ఏర్పడుతుంది. నీటి వసతులకు సంబంధించి వున్న అనేక సమస్యలను దాటవేయవచ్చు. నీటిని మార్కెట్ సరకుగా మార్చడం వలన నీటితో ఎక్కువ వ్యాపారం చేయవచ్చు మరియు లాభాలు పొందవచ్చు. అంతేకాకుండా ప్రకృతి ప్రసాదితమైన నీటిని నియంత్రించవచ్చును.

**స్టాక్ మార్కెట్లోకి నీరు :**

స్టాక్‌మార్కెట్‌పై అధికంగా ఆధారపడే ఆర్థికవ్యవస్థ నీటిని మార్కెట్ వస్తువుగా మార్చివేసింది. వాల్‌స్ట్రీట్ స్టాక్ ఫ్యూచర్ మార్కెట్లో అధికారికంగా నీటి ట్రెడింగ్ ప్రారంభమయ్యింది. వాతావరణ మార్పులు, నీటి ఎద్దడి ప్రపంచ వ్యాప్తంగా నీళ్ల ధరలు పెరగడమే ఇందుకు కారణం. ఫ్యూచర్ మార్కెట్లో ట్రేడింగ్ కారణంగా బంగారం, చమురు ధరలు ఎలాగైతే రోజురోజుకు మారుతూ ఉంటాయో. ఇక మీదట నీటి ధర కూడ అలాగే మారుతుంది. భవిష్యత్తులో నీటి ధరలపై పెట్టుబడిదారులు పెట్టుబడులు పెట్టవచ్చు. కనీస మానవ హక్కైన నీటిని కూడా ఆర్థిక సంస్థలు పెట్టుబడిదారుల చేతుల్లో పెట్టడం సబబు కాదు. కోట్లమంది ఆకలి దప్పులను కూడా కొంతమంది డబ్బు చేసుకోబోతున్నారు.

పరిష్కారాలు - ప్రత్యామ్నాయాలు :

- త్రాగునీటి సమస్య పరిష్కారానికి ప్రైవేటీకరణ మార్గమని తీవ్ర ప్రయత్నాలు చేసినా దాని పాత్ర చాలా నామమాత్రం. ఇప్పటికీ ప్రభుత్వరంగంపై ఈ బాధ్యత పెద్ద ఎత్తున ఉన్నది. భవిష్యత్‌లో కూడా ఇదే కొనసాగుతుంది. ప్రభుత్వ రంగంలో నీటి సరఫరాను మరింత సమర్థవంతంగా జవాబుదారీతనంతో బాధ్యతాయుతంగా చేసి సత్ఫలితాలు సాధించడం పరిష్కారమార్గం.
- వివిధ ప్రాంతాలలో వర్షపునీటిని చిన్న చిన్న ప్రాజెక్టుల ద్వారా నిల్వ ఉంచితే పెద్ద పెద్ద ప్రాజెక్టుల అవసరం ఉండదు. పైపుల ద్వారా దూరప్రాంతాల నుండి నీటిని సరఫరా చేయడం ఖర్చుతో కూడుకున్నది దానికి బదులు స్థానికంగా నీటి నిల్వ చేస్తే ఆ ఖర్చు తగ్గించవచ్చు.
- నీరు మానవుని ప్రాథమిక హక్కు. ప్రతి మనిషికీ వ్యక్తిగత మరియు కుటుంబ వినియోగానికి సరిపోయినంత రక్షిత, అంగీకారయుతమైన పద్ధతిలో అందుబాటులో నీటిని అందించేందుకు ప్రభుత్వం బాధ్యత వహించాలి. ఆహార భద్రత హక్కును నిజము చేయాలంటే వ్యవసాయానికి సుస్థిర నీటి సరఫరా చేయాలి.
- ప్రజలకు అతి చౌకగా నీటిని అందుబాటులోకి తేవాలంటే తక్కువ ఖర్చుతో నిర్మాణాలు ఎక్కువ చేపట్టాలి. ఉచిత లేదా తక్కువ ఖరీదుతో నీటిని అందించే అనువైన విధానాలను రూపొందించాలి. సహ ఆదాయాలను పెంచుకోవాలి.

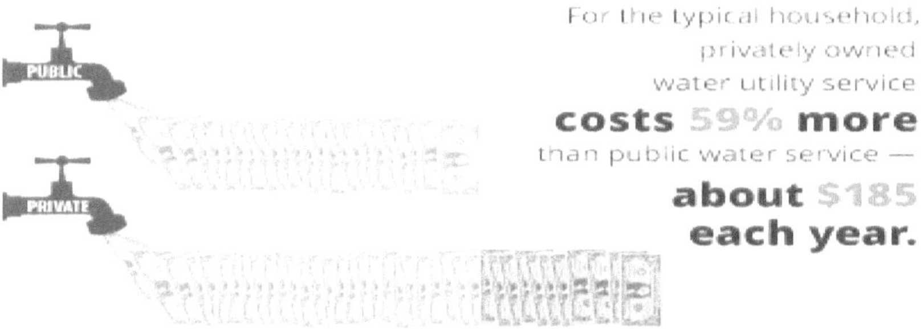

PUBLIC
PRIVATE
For the typical household,
privately owned
water utility service
costs 59% more
than public water service —
about $185
each year.

Source: https://www.foodandwaterwatch.org/ -0-0-

## 23. మానవ తప్పిదాలతో మహాసముద్రాలకు ముప్పు

Source: https://www.noaa.gov/education/

సముద్రాలంటే నీటి వనరులు మాత్రమే కాదు. భూమ్మీది సకల జీవరాశులకు అవి ఆధారాలు. ప్రాణవాయువు నిచ్చే దాతలు. అందుకే సముద్రాలను సంరక్షించుకోవడం ద్వారా మాత్రమే మానవాళి సుస్థిరాభివృద్ధి సాధిస్తుంది. భూఉపరితల విస్తీర్ణంలో దాదాపు 71 శాతం ఉన్న సముద్రాలు, ప్రపంచవ్యాప్త నీటి వనరుల్లో 97 శాతానికి ఆలవాలాలు. జీవవైవిధ్యానికి ఆవాసాలైన సముద్రాలు ఆహార ఉత్పత్తిలో కీలకమైనవి. వివిధ వ్యాధుల చికిత్సకు వాడే అత్యవసర ఔషధాల తయారీలో కూడా సముద్రాలు చాలా కీలకపాత్ర పోషిస్తాయి. ధరిత్రిపై పర్యావరణ వ్యవస్థ కట్టుదిట్టంగా ఉండాలంటే సముద్రాలు, తీరప్రాంతాలు దెబ్బతినకూడదు.

గడిచిన శతాబ్దాలలో ఎన్నో ప్రకృతి ప్రళయాలు, విపత్తుల గూర్చిన చరిత్రలున్నాయి. కానీ, ప్రస్తుతం పర్యావరణంలో వచ్చిన పెనుమార్పుల కారణంగా మండే ఎండలు, భారీవర్షాలు, భూకంపాలు, సునామీలు సర్వసాధారణంగా మారాయి. ఇలాంటి విపత్తులన్నీ ప్రకృతి సహజ సిద్ధమైనవే అయినా ప్రస్తుత దుస్థితికి మానవ తప్పిదాలు ప్రధానంగా తోడవుతున్నాయనేది నిజం. 2004లో వచ్చిన సునామీ దక్షిణాసియాతో పాటు భారత్‌లోని అండమాన్ నికోబార్ దీవులు, తమిళనాడు, పుదుచ్చేరిలను అతలాకుతలం చేసింది. తీవ్ర ఆస్తి, ప్రాణనష్టం సంభవించింది. ఎల్‌నినో ప్రభావంతో 2015లో చెన్నైలో సంభవించిన భారీ వర్షాలతో నష్టాలను చూశాం. అలాగే

2017 ముంబైలో భారీ వర్షాలపరంగా తీవ్ర ప్రాణ, ఆస్థి నష్టం. చాలా రోజుల పాటు జనజీవనం అస్తవ్యస్తమయ్యింది. వీటన్నిటికి కారణాలు మానవతప్పిదాలే.

**వాతావరణ మార్పుల నియంత్రణలో సముద్రాలది ప్రధానపాత్ర :**

అనంత జీవకోటికి ప్రాణాధారమైన ఆక్సిజన్ ఏభైశాతానికి పైగా సముద్రాల నుండే సమకూర్చబడుతున్నది. మానవాళి ఉత్పత్తి చేసే కార్బన్ డై ఆక్సైడ్‌లో దాదాపు 40 శాతాన్ని సముద్రాలు గ్రహించి వాతావరణ మార్పులను నియంత్రించడంలో ముఖ్యపాత్ర పోషిస్తున్నాయి. ప్రపంచవ్యాప్తంగా మూడొందల కోట్లకు పైగా ప్రజలు సముద్ర వనరుల ద్వారానే జీవనోపాధి పొందుతున్నారు. ప్రపంచ వాణిజ్యంలో 90 శాతం సముద్రమార్గాలలోనే జరుగుతున్నది. అంతర్జాతీయ ఆర్థిక సహకారం, అభివృద్ధి సంస్థ అధ్యయనం మేరకు సముద్రాల వల్ల ఏడాదికి 1.5 లక్షల కోట్ల డాలర్ల సంపద సృష్టి జరుగుతున్నది. 2030 నాటికి ఇది మూడు లక్షల కోట్ల డాలర్లకు చేరుతుందని అంచనా. ఇలా ప్రపంచ ఆర్థిక వ్యవస్థ వృద్ధికి సముద్రాలు ఎంతగానో దోహదపడుతున్నాయి. కానీ అభివృద్ధి పేరుతో మానవాళి అనుసరిస్తున్న విధానాల ఫలితంగా వాతావరణంలో బొగ్గుపులుసు వాయువు శాతం అధికమవుతున్నది. తద్వారా వాతావరణం వేడెక్కి మంచు పర్వతాలు కలిగి సముద్ర మట్టాలు పెరుగుతున్నాయి. దానితో తీరప్రాంతాలు కోతకు గురవుతున్నాయి. సముద్రతీర ప్రాంతాల్లో ఉండే మడ అడవులను నరికేసి రిసార్టులు, హొటళ్లు, జనావాసాలు ఏర్పాటు ఇతరత్రా అభివృద్ధి కార్యకలాపాలు కూడా విపత్తులకు కారణమౌతున్నాయి.

**సముద్ర జలాల కలుషితంతో జీవవైవిధ్యానికి ముప్పు:**

భూ ఉపరితలం నుంచి శుద్ధి చేయని వ్యర్థజాలాలతో పాటు ప్లాస్టిక్ వ్యర్థాలు, ఓడల నుంచి భారీస్థాయిలో ఒలికిపోతున్న చమురు, పారిశ్రామిక రసాయనాలు తదితరాలతో సముద్రాలు కలుషితమౌతున్నాయి. దీంతో సముద్ర జీవుల మనుగడకు ముప్పు వాటిల్లుతున్నది. మితిమీరిన చేపలవేట, ఓడల రాకపోకలకు అనుగుణంగా లోతు పెంచడానికి కడలి అడుగు భాగాల నుంచి అధిక మోతాదులో ఇసుకను వెలికితీయడం, ఆనకట్టల నిర్మాణాలు, భార ఖనిజాల కోసం తీరప్రాంతాల్లో చేస్తున్న విచ్చలవిడి తవ్వకాలతో సముద్రాలకు తీరని నష్టం వాటిల్లుతున్నది.

**చమురు ఉత్పాతం :**

భూగ్రహం పై మనిషి పరిణామం చెందక ముందే జలావరణాన్ని సముద్రజీవుల చమురు ఉత్పాతం వల్ల ముప్పును ఎదుర్కోబోతున్నాయి. ఎర్ర సముద్రంలో నిలిపి ఉంచిన సేఫర్ అనే ఓ పాతకాలపు చమురు నౌక నుంచి చమురు లీకేజీ ప్రారంభమయ్యింది. ఇలా ఒలికిపోతున్న చమురు సముద్రపు నీటిలో తెట్టెలా పేరుకుపోయి జలచరాలు, పగడపు దిబ్బలు దెబ్బతిన్నాయి. ఎర్రసముద్ర నీటి ప్రవాహాలు, అరేబియా సముద్రంలోకి, అటునుంచి హిందూమహాసముద్రంలోకి చేరుతాయి. అలా చమురు లీకేజీ ఇతర సముద్రాలకు విస్తరిస్తుంది. మార్చి 24, 1989లో అలస్కా సముద్రజలాల్లోని బ్లిగ్‌రీఫ్ అనే పెద్ద బండరాయిని ఢీకొనడం వల్ల ఎక్సాన్ వాల్డెజ్ చమురునౌకలోని 1.1 కోట్ల గ్యాలన్ల చమురు నీటిలోకి ఒలికింది. 1300 మైళ్ల సముద్రజలాల్లో చమురు తెట్టులా పేరుకుపోవడంతో లక్షలాది సముద్ర పక్షులు, సీల్స్ చేపలు, తిమింగలాలు చనిపోయాయి. రెట్టును తొలగించడానికి 11 వేల మంది సిబ్బంది వెయ్యి గంటల పాటు నిరంతరాయంగా పనిచేయాల్సి వచ్చింది. అయినప్పటికీ కొన్ని ప్రాంతాల్లో ఇప్పటికీ చమురుబావులు కనిపిస్తూనే ఉంటాయి.

**తీరప్రాంతాలకు తీవ్ర నష్టంతో దేశ ఆర్థిక వ్యవస్థ అతలాకులం :**

మానవ తప్పిదం వల్ల సముద్రాలలో లభ్యమయ్యే పెద్ద చేపలు, చాలా జాతులు అంతరించిపోతున్నాయి. పగడపు దిబ్బలు 50 శాతం మేర దెబ్బతిన్నాయి. ఈ శతాబ్దం చివరినాటికి వాతావరణ ఉష్ణోగ్రతల్లో పెంపును కనీసం 1.5 డిగ్రీల సెల్సియస్‌కు తగ్గించాలి. అలా కానిపక్షంలో వాతావరణం మరింతగా వేడెక్కి సముద్ర మట్టాలు పెరిగి లోతట్టు ప్రాంతాలు మునిగిపోతాయి. భారత్‌కు సుమారు 7517 కిలోమీటర్ల పొడవుతో తీరప్రాంతముంది. దీనితో దేశ ఆర్థిక వ్యవస్థను ప్రగతిపథం వైపు నడిపించొచ్చు. జీవనోపాదుల నాణ్యత పెంచవచ్చు. వాస్తవానికి తీరప్రాంత రాష్ట్రాలు, కేంద్రపాలిత ప్రాంతంలో ఉన్న 12 ప్రధాన 200 చిన్న ఓడరేవుల ద్వారా సముద్ర ఆధారిత ఆర్థిక వ్యవస్థలో అభివృద్ధిని చూస్తున్నాం. ఇవి స్థూల జాతీయోత్పత్తిలో నాలుగు శాతం మేరకు దోహదపడుతున్నాయి. చేపల ఉత్పత్తిలో ప్రపంచంలో చైనా 16 శాతం వాటా కలిగి ఉంది. దీని తర్వాత భారతదేశం 14 శాతం వాటాతో 1.6 కోట్ల ప్రజానీకానికి ఉపాధి కల్పిస్తుంది. కానీ సముద్ర నీరు

వేడెక్కడం వల్ల తుఫానులు సంభవిస్తున్నాయి. ఇప్పటికే 33 శాతం మేర తీరప్రాంతాలు దెబ్బతిన్నట్లు నివేదికలు చెబుతున్నాయి. బంగాళాఖాతంతో పోలిస్తే అరేబియా సముద్రం చల్లగా ఉంటుంది కానీ గత కొద్ది సంవత్సరాలుగా అరేబియా సముద్రపు నీళ్లు బాగా వేడెక్కుతున్నాయి. దీనివల్ల అక్కడ అతితీవ్ర తుఫానులు సంభవించి ఆ తీర ప్రాంతాలకు భారీస్థాయిలో నష్టం వాటిల్లుతున్నది. ఈ పరిణామాలన్నీ దేశీయ ఆర్థిక వ్యవస్థను దెబ్బతీస్తాయి.

## సముద్ర వనరులను పరిరక్షించడమెలా?

- సముద్ర వనరుల సంరక్షణ, వాటి సక్రమ వినియోగానికి ప్రపంచదేశాలన్నీ సమిష్టి కార్యాచరణ ప్రణాళికలతో కలిసి రావాలి.

- సముద్ర కాలుష్య నివారణ చర్యలు వేగవంతం చేయడంతో పాటు తీరప్రాంత పర్యావరణ వ్యవస్థలకు రక్షణ కల్పించాలి.

- ఆనకట్టల నిర్మాణాలను, తీరంలో తవ్వకాలను అదుపుచేస్తూ సముద్రగర్భానికి ఇబ్బంది పెట్టే రవాణా పద్ధతులను నియంత్రించడంతో పాటు సాగర వాతావరణాన్ని దెబ్బతీయకుండా వాటి ఆధారంగా ఆర్థిక వ్యవస్థను అభివృద్ధి చేసుకునేలా కార్యాచరణ చేయాలి.

- 17.6 బిలియన్ పౌండ్ల ప్లాస్టిక్ వ్యర్థాలు సముద్రంలో కలుస్తున్నాయి. దీనిని అరికట్టేందుకు వ్యూహరచన చేయాలి.

- మానవాళి మనుగడకు మహాసముద్రాలే ఆధారమనే ఎరుకతో ప్రభుత్వాలు కదిలినపుడు పర్యావరణ భద్రతను ఆశించొచ్చు. అలాగే ప్రభుత్వపరంగా ఎన్ని చర్యలు, కార్యక్రమాలు చేపట్టినా పౌరుల్లో భద్రత పెరిగి, అవగాహన ఏర్పడి, మార్పు వస్తేనే ప్రకృతి వనరుల పరిరక్షణ సాధ్యమవుతుంది. అప్పుడే మానవ ప్రేరిత విపత్తులను నివారించగలం.

-0-0-

## 24. వ్యర్థాలతో నదుల పెనుముప్పు

Source: https://www.bbc.com/

భారత్‌లో దాదాపు 70 శాతం మేర ఉపరితల జలాలు మనుషుల వినియోగానికి పనికి రావనేది వాస్తవం. భారత్‌లో ప్రవహిస్తున్న నదులు ప్రమాదకరస్థాయిలో కలుషితం అవుతున్నాయి. ప్రతి రోజూ దేశవ్యాప్తంగా కనీసం నాలుగుకోట్ల లీటర్ల కలుషిత జలాన్ని నదులు, ఇతర నీటి వనరుల్లోకి వదులుతున్నారు. ఇది మనుష్యుల ఆరోగ్యంపై తీవ్ర ప్రభావం చూపుతుంది. ఆర్థికవ్యవస్థ కూడా దీనివల్ల దివాలా తీస్తున్నదని, కలుషిత నీటి ప్రభావిత ప్రాంతాల్లో జాతీయాదాయం సగానికి తగ్గిందని వ్యవసాయ పంటల దిగుబడుల్లో 16 శాతం కోతపడుతున్నదని ప్రపంచబ్యాంకు నివేదికలు చెబుతున్నాయి. మనదేశంలో దాదాపు 60 కోట్ల జనాభా నీటి ఎద్దడితో సతమతమవుతున్నదని, మూడోవంతు ఇండ్లకు పరిసరాల్లో సరైన తాగునీటి సౌకర్యం కొరవడిందని నీతి ఆయోగ్ నివేదిస్తోంది.

### మూసీనదికి వ్యర్థాల ఉరి :

జాతీయ హరిత ట్రిబ్యునల్ హైదరాబాద్ గుండా ప్రవహిస్తున్న మూసీనదిని ఏడాదిలో ప్రక్షాళన చేయాలని తెలంగాణ ప్రభుత్వాన్ని కోరింది. మూసీ ప్రక్షాళన కోసం చేపట్టే చర్యల గూర్చిన పర్యవేక్షణ పక్కాగా ఉండాలని, విశ్రాంతి న్యాయమూర్తి జస్టిస్ విలాస్ అఫ్జల్ పుర్కర్ నేతృత్వంలో ఒక కమిటీని కూడా నియమించింది. కృష్ణానదికి ఉపనది అయిన మూసీనది ఒకప్పుడు హైదరాబాద్ ప్రజల దాహార్తి తీర్చేది కానీ ఇప్పుడది మురికి నీటిని తరలించే నాలాగా మారింది. పారిశ్రామికీకరణ వల్ల

శుద్ధి చేయని జలాలు, పరిశ్రమల వ్యర్థాలన్నీ మూసీలో కలువడం వల్ల నది రూపురేఖలు మారిపోయాయి. ప్రస్తుతం 14500 మిలియన్ లీటర్స్ పర్ డే వరకు మురుగునీరు మూసీలో కలుస్తుండగా, మురుగు నీటి శుద్ధి కేంద్రాల సామర్థ్యం కేవలం 725 మిలియన్ లీటర్ పర్ డే (ఎంఎల్‌డి) మాత్రమే. దేశంలోనే అత్యంత కలుషిత నదుల్లో నాలుగోనదిగా మూసీ అవతరించింది. మూసీ ప్రక్షాళనకు అదనంగా సీవరేజ్ ట్రీట్‌మెంట్ ప్లాంట్లను గణనీయంగా పెంచాలి.

**కృష్ణా గోదావరి నదుల ప్రక్షాళన అత్యవసరం :**

1400 కి.మీ. పైగా పొడవుతో దేశంలోనే రెండో అత్యంత పొడవైన గోదావరి, నాలుగో అత్యంత పొడవైన కృష్ణానది - కాలుష్య కోరల్లో చిక్కుకున్నాయి. వీటితోపాటు మంజీర, పెన్నా, తుంగభద్ర, నాగావళి లాంటి నదులు, ఉపనదులు పోను పోను తీవ్రకాలుష్యమౌతున్నాయి. నదులను రక్షిద్దాం (సేవ్ రివర్స్) నినాదంతో కేంద్రం చేపట్టబోయే 13 నదుల జాబితాలో కృష్ణా, గోదావరి కూడా ఉన్నాయి. ఈ నదుల్లోని వివిధ ప్రాంతాలలో నమూనాలు సేకరించి నీటి పరీక్షలు నిర్వహించినపుడు ఈ రెండు నదుల్లోని నీరు 'సీ' కేటగిరిలో కొచ్చింది. వాస్తవానికి నీరు ఏ, బీ కేటగిరీలో ఉంటే ఆ నీరు స్నానానికి కూడా పనికిరావని, డీ, ఈ కేటగిరీల నీళ్లలో జలచరాలు కూడా బ్రతకవని పరిగణించాలి.

కాలుష్యమే గంగకు శాపం :

భారతీయులంతా పవిత్రంగా భావించేది గంగానది కావడంతో కేంద్రం 'నమామి గంగే' ప్రాజెక్టుతో ప్రక్షాళన చేపట్టింది. 1986లో భారత ప్రభుత్వం చేపట్టిన గంగా కార్యాచరణ ప్రణాళికతో ఆశించిన ఫలితాలు రాలేదు. 2009లో కాలుష్యాన్ని అరికట్టి, పరిరక్షించేందుకు గంగానదికి జాతీయనది హెూదకల్పించారు. జాతీయ గంగానదీ పరివాహక ప్రాదికార సంస్థను పునర్వ్యవస్థీకరించినప్పటికీ కాలుష్యాన్ని అడ్డుకోవడం ద్వారా జలాల నాణ్యతను ఆమోదనీయ ప్రమాణాల స్థాయిలో మెరుగుపరచాలన్న లక్ష్యం నెరవేరలేదు. 2014లో నమామి గంగే ప్రాజెక్టు భారీబడ్జెట్‌తో ప్రారంభించారు. కానీ క్షేత్రస్థాయిలో ఆశించిన ఫలితాలు రావడం లేదు.

విజ్ఞాన శాస్త్రం పర్యావరణ కేంద్రం(సీఎస్ఈ) అధ్యయనం వివరాలు :

అయిదు లక్షలకు పైగా జనాభా గల నగరాలైన కాన్పూర్, ప్రయాగ్‌రాజ్, వారణాసి, పట్నాలో 52 శాతం మానవ వ్యర్థ జలాలను సురక్షితరీతిలో శుద్ధి చేయడం

లేదు. 1.2 లక్షల నుంచి 5 లక్షల మధ్య జనాభా ఉండే మీర్జాపూర్, ఫరూకాబాద్ వంటి చిన్నస్థాయి నగరాల్లో 84 శాతం వ్యర్థాలు శుద్ధి కాకుండానే విడుదల చేస్తున్నారు. ఈ నగరాల్లో 85 శాతం గృహాలకు మురుగునీటి పారుదల వ్యవస్థతో అనుసంధానం లేదు. వీరంతా సెప్టిక్ ట్యాంక్‌లు, గుంతలు వంటి పద్ధతుల్ని అనుకరిస్తున్నారు. మానవ వ్యర్థ జలాలు పైకప్పులేని మురుగు కాలువలు, నాలాలు మైదానాల గుండా ప్రవహిస్తూ నదీజలాల్లో కలుస్తున్నాయి. శుద్ధి చేయని వ్యర్థజలాలు భూమిలోకి ఇంకిపోయి, భూగర్భజలాల్లో కలుస్తూ బోరుబావుల ద్వారా కలుషిత జలాల రూపంలో తిరిగి గృహాల్లోకి చేరుతున్నాయి. ఈ నగరాలలో కేవలం 15 శాతం మానవ వ్యర్థ జలాలను మాత్రమే శుద్ధి చేస్తున్నారని సీఎస్ఈ నివేదిస్తుంది.

నదుల పరిరక్షణకు కావాల్సింది విభిన్న వ్యూహాలు :

- నదులను పూర్తిస్థాయిలో శుద్ధి చేయాలంటే ఎక్కడెక్కడ మురుగునీరు కలుస్తుందో గుర్తించి, శుద్ధి ప్లాంట్లను ఏర్పాటు చేయాలి.
- నదుల ఉపరితలంపై పేరుకుపోయిన చెత్తాచెదరాలను పూర్తిగా శుభ్రం చేసి ఘనవ్యర్థాలను తొలగించి జలచరాలు స్వేచ్ఛగా తిరుగనిచ్చేలా చర్యలు తీసుకోవాలి.
- పుష్కరాలు, కుంభమేళాలు జరిగేటపుడు వ్యర్థాలు నీటిలో కలువకుండా చర్యలు తీసుకోవడం, నదులను కాపాడుకోవాల్సిన ఆవశ్యకత గూర్చి ప్రజల్లో అవగాహన కల్పించాలి.
- పరీవాహక ప్రాంతాలు ఆక్రమణకు గురై కలుషితం కాకుండా తీరాలకు ఇరువైపులా విరివిగా మొక్కలు పెంచి ఆహ్లాదకర వాతావరణాన్ని కల్పించాలి.
- కాలుష్య నియంత్రణకు తీసుకునే చర్యల్లో భాగంగా నదిలో జలప్రవాహం తగిన రీతిలో ఉండేలా చూసుకోవాలి. ప్రక్షాళన కోసం ఉద్దేశించిన ప్రాజెక్టుల అమలు నిర్ణీత సమయంలో పూర్తయ్యేలా కార్యాచరణ చేయాలి.
- నదుల పరిరక్షణలో వివిధ శాఖల మధ్య చక్కటి సమన్వయంతో మానవ వ్యర్థ జలాల శుద్ధి కేంద్రాల ఏర్పాటు, జీవరసాయన పద్ధతులను, అత్యాధునిక యంత్రపరికరాలను ఉపయోగించడం తదితర పకడ్బందీ చర్యలతో, సరియైన జనభాగస్వామ్యంతో ప్రత్యేక కార్యాచరణతో ముందుకెళ్లాలి.

-0-0-

## 25. నీటి సంక్షోభాన్ని ధీటుగా ఎదుర్కోకపోతే భవిష్యత్ ప్రశ్నార్థకమే

మానవ మనుగడ నీటి లభ్యతపై ఆధారపడి ఉంది. ప్రపంచవ్యాప్తంగా నీటి వనరులు క్షీణత రోజు రోజుకు ఆందోళన కలిగిస్తున్నది. దేశంలో తలసరివార్షిక నీటి లభ్యత 1951లో 5177 ఘ.మీటర్లయితే నేడది 1486 ఘ.మీ.గా ఉందని నివేదికలు చెబుతున్నాయి. మానవ శరీరంలో 60 శాతం పైగా నీరు ఉంటుంది. అంటే మనిషి జీవించడానికి తాగునీరు ఎంత అవసరమో తెలుస్తుంది. అలాగే నిత్యం వంట, స్నానం వంటివి చేయడానికి పరిశుభ్రంగా ఉండడానికి నీరు తప్పనిసరి. ఆహారం, దుస్తులు, శాస్త్రసాంకేతిక పరికరాలు ఉత్పత్తి చేయడానికి వివిధ రకాల వ్యర్థాలను తరలించడానికి, పర్యావరణాన్ని పరిశుభ్రంగా ఉంచడానికి నీరు ఎప్పటికీ అవసరమే. ప్రపంచ నీటి వనరుల్లో 97.5 శాతం ఉప్పు నీరే. 2.5 శాతం మంచినీటిలో భూగర్భజలం 0.31 శాతమే. పరిమితంగా ఉన్న జలవనరుల నుంచి నీటిని అపరిమితంగా వాడటం. జలసంరక్షణను నిర్లక్ష్యం చేయడం వల్ల ఇంకా పెరుగుతున్న జనాభా, సంపద, ఆహార అలవాట్ల మార్పు, పట్టణీకరణ, పారిశ్రామికీకరణ తదితర కారణాలు ప్రపంచ నీటి వనరులను సంక్షోభ దిశగా నెట్టివేస్తున్నాయి. కేంద్ర భూగర్భ జల మండలి నివేదిక ప్రకారం - భారత్‌లో భూగర్భ నీటి మట్టాలు వేగంగా తగ్గడానికి కారణం ప్రపంచ మొత్తం భూగర్భజలాల్లో 24 శాతం భారత్‌లోనే వాడుతున్నట్లు తెలుస్తున్నది. కేంద్ర ప్రభుత్వ గణాంకాల ప్రకారం దేశీయంగా వార్షిక సగటు వర్షపాతం 1170 మి.లీ. కానీ అందులో ఐదు శాతం నీటిని కూడా సంరంక్షించుకోలేకపోతున్నాం.

### తరుముకొస్తున్న నీటి సంక్షోభం :

అధికస్థాయిలో నీటి వినియోగం వ్యవసాయరంగంలో ఉన్నది. భారత్ వ్యవసాయ ఆధారిత జీవనం గల దేశం. ప్రపంచవ్యాప్తంగా ఏటా 60 శాతం నీటి వ్యవసాయానికి, 19 శాతం పరిశ్రమలకు, 12 శాతం గృహావసరాలకు వాడుతున్నారు. అభివృద్ధి చెందిన చెందుతున్న దేశాల్లో వ్యవసాయం జాతీయ ఆర్థిక వ్యవస్థకు ఎంతో దోహదపడుతున్నది. నీటి వనరుల విస్తరణ ప్రపంచవ్యాప్తంగా ఒకేలా ఉండదు. వాతావరణ, భౌగోళిక పరిస్థితులు, నీటిపారల నిర్మాణతీరును బట్టి అవి ఆధారపడి

ఉంటాయి. ఇవి అనుకూలంగా లేని ప్రాంతాల్లో నీటికొరత ఉంటుంది. ఉత్తర ఆఫ్రికా, దక్షిణ ఆసియా, మధ్య ప్రాచ్య దేశాల్లో ఈ సమస్య తరచూ కనిపిస్తుంటుంది. సుమారు 50 కోట్ల మంది నీటి ఎద్దడిని ఎదుర్కొంటున్నారు. వీరిలో ఎక్కువగా భారత్, పాకిస్తాన్, ఈజిప్టు, మెక్సికో, సౌదీ అరేబియా, యెమెన్ దేశాలలో ఉన్నారు. 1950 నుండి నీటి వినియోగం మూడు రెట్లు జనాభా రెండు రెట్లు పెరిగాయని, కరువు, కాలుష్యం కారణాన ఉపరితల నీరు అందుబాటులో లేనపుడు, భూగర్భజలమే ముఖ్యనీటి వనరు అవుతున్నదని నివేదికలు చెబుతున్నాయి. పరిస్థితులు ఇలాగే కొనసాగితే 2030 నాటికి ప్రపంచంలోని ముఖ్యనగరాల్లో 50 కోట్ల మంది ప్రజలు అధిక నీటి ఒత్తిడికి గురవుతారు. 2050 నాటికి ప్రపంచ జనాభాలో సగానికి పైగా సంవత్సరంలో కనీసం కొంతకాలమైనా తీవ్రమైన నీటి ఎదుర్కొంటుందని, దీనివల్ల జనానికి తాగునీటిని అందించడానికి ప్రపంచవ్యాప్తంగా ఏటా రెండు లక్షల కోట్ల డాలర్లకు పైగా ఖర్చు అవుతుందని, నీటి కొరత పారిశుధ్య సేవాలోపాల వల్ల ఏటా 2.60 లక్షల కోట్ల డాలర్ల ఆర్థిక నష్టాన్ని చవి చూడాల్సి వస్తుందని విశ్లేషకులంటున్నారు. జలసంరక్షణలో ఇజ్రాయెల్ ప్రపంచానికే ఆదర్శంగా నిలుస్తోంది. సుమారు 94 శాతం వ్యర్థ జలాలను శుద్ధి చేసి 85 శాతం నీటిని పునర్వినియోగిస్తున్నది. సింగపూర్‌లో నాలుగంచెల జలశుద్ధి, సరఫరా వ్యవస్థల్ని కొలువుతీర్చి ప్రతి నీటిబొట్టు నుంచి గరిష్ట ప్రయోజనం పొందుతున్నారు. ఆస్ట్రేలియా, బ్రిటన్ దక్షిణాఫ్రికా దేశాల భూగర్భజల మట్టాలు తగ్గకుండేలా కార్యాచరణ చేస్తున్నారు.

విషతుల్యంగా భూగర్భజలాలు :

దేశంలోని మొత్తం భూభాగంలో 20 శాతం భూగర్భజలాలు ప్రమాదకరస్థాయిలో ఆర్సెనిక్ కలిగి ఉండి విషతుల్యంగా మారుతున్నాయని పరిశోధకుల అభిప్రాయం. ప్రపంచ ఆరోగ్య సంస్థ అంచనా ప్రకారం ఆర్సెనిక్ అత్యంత విషపూరితమైంది. తాగునీరు, ఆహారం ద్వారా ఆర్సెనిక్ శరీరంలోకెలితే క్యాన్సర్, చర్మసంబంధ వ్యాధులొస్తాయి. జియోలాజికల్, హైడ్రోలాజిక్, ఆంత్రోపోజెనిక్ ప్రమాణాల ప్రకారం లీటరు భూగర్భజలంలో 10 మైక్రోగ్రాముల ఆర్సినిక్ ఉండొచ్చు. కానీ దేశంలోని చాలా ప్రాంతాల్లో ఆస్థాయిని మించి భూగర్భజలాల్లో ఆర్సినిక్ ఉంది.

అత్యధిక స్థాయిలో ఆర్సెనిక్ ఉన్న రాష్ట్రాలు

| వ.సం. | రాష్ట్రం | శాతం |
|---|---|---|
| 1 | పంజాబ్ | 92 % |
| 2 | బీహార్ | 70 % |
| 3 | పశ్చిమ బెంగాల్ | 69 % |
| 4 | అస్సాం | 49 % |
| 5 | హర్యానా | 43 % |
| 6 | ఉత్తరప్రదేశ్ | 28 % |
| 7 | గుజరాత్ | 24 % |

తక్కువ మోతాదులో ఆర్సెనిక్ ఉన్న రాష్ట్రాలు

| వ.సం. | రాష్ట్రం | శాతం |
|---|---|---|
| 1 | మధ్యప్రదేశ్ | 9 % |
| 2 | కర్ణాటక | 8 % |
| 3 | ఒడిశా | 4 % |
| 4 | మహారాష్ట్ర | 1 % |
| 5 | జమ్ముకాశ్మీర్ | 1 % |

నీటి సవాళ్లను ఎలా అధిగమించాలి :

- భూగర్భజలాల సంరక్షణకు నీరు భూమిలోకి ఇంకేలా కార్యాచరణ చేయాలి. ఈ రీచార్జ్ విధానం సమర్థమైన నీటి వినియోగాన్ని ప్రోత్సహించే ఇతర చర్యలకు కూడా ఊతమిస్తుంది.
- పట్టణ నీరు సరఫరా వ్యవస్థలు రవాణా చేసే నీటిలో వృథా అవుతున్న నీటి (ఆధాయేతర నీటివనరు) నష్టాన్ని సగానికి తగ్గించాలి. దీనితో నీటిపై ఒత్తిడి తగ్గి కోట్లాది ప్రజలకు తగినంత నీరు లభిస్తుంది.
- నీటి నిల్వలు పెరగడానికి చెరువులు ఆనకట్టల నిర్మాణం, నీటి పునర్వినియోగం, భూగర్భ జలాల రీచార్జి వంటి పద్ధతులను యుద్ధప్రాతిపదికన అవలంభించాలి.

- సుస్థిర, దీర్ఘకాలిక నీటి భద్రతను ప్రజలకు అందించేందుకు సంప్రదాయ నీటివనరులైన చెరువులు, కుంటలను పునరుద్ధరించాలి. వాననీటిని భూమిలోకి ఇంకించాలి.
- రైతులు వారి కమతాల విస్తీర్ణాన్ని బట్టి తప్పనిసరిగా పొలాల్లో నీటిగుంతలు నిర్మించుకునేలా చేయాలి. చెరువులు, కుంటలు కబ్జాలకు గురికాకుండా సాంకేతిక సాయంతో హద్దులను నిర్ణయించి సంరక్షించాలి.
- గ్రామాల్లోని గృహాల్లో, విద్యాలయాల్లో, కార్యాలయాల్లో ప్రభుత్వ బంజరు భూముల్లో ఇంకుడు గుంతలను విరివిగా తవ్వాలి.
- పరిశోధన, అభివృద్ధి సంస్థలు, స్వచ్ఛంధ సంస్థలు, గ్రామసంఘాలు, మహిళా సంఘాలు, కార్పోరేట్ యాజమాన్యాలను నీటి సంరక్షణ విషయంగా భాగస్వాములను చేస్తూ సమన్వయ క్రియాశీల భాగస్వామ్యంతోనే మున్ముందు తీవ్రతరమయ్యే నీటి సంక్షోభాన్ని ధీటుగా ఎదుర్కొగలం.

Source: https://weather.com/en-IN/india/ -0-0-

## 26. వాతావరణ మార్పుల వల్ల మంచుకొండల్లో విలయం

భారత్ సుమారు 22.5 కోట్ల సంవత్సరాల క్రితం ఆస్ట్రేలియా సమీపంలోని ఒక ద్వీపం. ఇది డెథీస్ మహాసముద్రం ఆసియా నుంచి వేరయ్యింది. భూమి ఖండాలుగా వేరయ్యే ప్రక్రియ 20 కోట్ల ఏండ్లుగా కొనసాగుతున్నది. అలా భారత ఉత్తరదిశగా ఆసియాలోకి చొచ్చుకెళ్లింది. దీని వల్ల ఖండాంతర ఫలకల మధ్య ఘర్షణ పెరిగింది. దీని ఫలితమే హిమాలయాల ఏర్పాటు. అలా సంవత్సరానికి ఒక సెంటీమీటరు చొప్పున ఎత్తు పెరిగి ప్రస్తుతం 8849 మీటర్ల ఎత్తుకు పెరిగాయి. ఇక్కడ అపారమైన నీటి నిల్వలున్నాయి. హిమాలయాలు మొత్తం 24008లో మీటర్ల మేర భారత్, పాకిస్తాన్, చైనా, భూటాన్, నేపాల్లో విస్తరించాయి. ఇక్కడ సుమారు 15 వేల హిమానీనదులున్నాయి. అవి 12 వేల చదరపు కిలోమీటర్ల విస్తీర్ణంలో మంచినీటి నిల్వలు కలిగి ఉన్నాయి. అందులో గంగోత్రి, యమునోత్రి, ఎవరెస్టు శిఖర ప్రాంతమైన జంబు, సిక్కింలోకి లాంగ్‌టంగ్, జీము ముఖ్యమైనవి. హిమాలయాల్లో నివసిస్తున్న 24 కోట్ల మందికి ఇవి ప్రాణాధారం. గంగ, బ్రహ్మపుత్ర, మోకాంగ్ నదీ పరివాహక ప్రాంతాల్లో పదహారున్నర కోట్ల మంది జీవనం సాగిస్తున్నారు.

### విపత్తులతో పర్యావరణానికి పెనుముప్పు:

హిమాలయ ప్రాంతంలో భారీ భూకంపాలు, కొండ చరియలు విరిగిపడటం, కుంభవృష్టి, కార్చిచ్చులు వంటి విపత్తులు ప్రాచీనకాలం నుండి సంభవిస్తూనే ఉన్నాయి. 2013 జూన్‌లో కేదారినాథ్ వద్ద భారీస్థాయి కుంభవృష్టి, ఉత్తరఖాండ్ గఢ్వాల్‌లో ప్రకృతి ఉత్పాతాలు, 1970, 1993, 1995లో సంభవించిన ఆకస్మిక వరదలు, కొండపోతగా వర్షాలు కురిసినపుడు కొండచరియలు విరిగిపడడం, పెను ఉత్పాతాలు సంభవించడం లాంటి అంశాలన్నిటికీ ప్రకృతిపరమైన సంబంధాలతో పాటు, మానవ సంబంధ కారణాలు తోడ్పడుతున్నట్లు పర్యావరణ వేత్తలంటున్నారు. ప్రణాళిక రహితంగా, అసంబద్ధంగా చేపట్టే నిర్మాణాలు, సరైనరీతిలో నిర్వహణలేని పర్యాటకం, తీవ్రస్థాయిలో సాగుతున్న గనుల తవ్వకం వంటివి సున్నితమైన ఆవరణ వ్యవస్థ కలిగిన హిమాలయాలను బలహీనపరుస్తున్నాయి. ఇలాంటి మానవ తప్పిదాలతో పాటు ఆకస్మిక వాతావరణ మార్పులు, భారీ వర్షాలు తరచు సమస్యగా పరిణమిస్తున్నాయి.

విపత్తులకు మూలం ఏమయి ఉండొచ్చు:

టిబెట్ పీఠభూమితో పోలిస్తే భారత్‌ను ఆనుకుని ఉన్న హిమాలయాల అత్యంత పెళుసుగా ఉంటాయి. ఇక్కడి పర్వత చరియలకు సులభంగా విరిగిపడే స్వభావం ఉంటుంది. పర్యావరణ సంరక్షణ నియమాలు పాటించకుండా వాతావరణంలోకి విచ్చలవిడిగా విడుదల చేస్తున్న హానికర వాయువులతో హిమాలయాల ఉపరితల ప్రాంతమంతా కంపిస్తోంది. ఆ ఉద్గారాలతో ఉత్పన్నమవుతున్న వేడికి మంచు నిలువెల్లా కరిగిపోతుంది. అలా మంచు రూపంలో ఉన్న మంచినీటి నిల్వలు తరిగిపోయి జలవిలయాలకు కారణమౌతున్నాయి. ఈ జలప్రళయాలకు భూతాపం ప్రధానమైనది. ప్రపంచ సగటు ఉష్ణోగ్రతలు 1880లో 13.73 డిగ్రీల సెల్సియస్ అయ్యింది. అంతర్జాతీయ సమగ్ర పర్వత అభివృద్ధి సంస్థ నివేదిక 20వ శతాబ్దారంభం నుంచే హిమాలయ ప్రాంతంలో సగటు ఉష్ణోగ్రత దాదాపు రెండు డిగ్రీల సెల్సియస్ వరకు పెరిగినట్లు పేర్కొంది.

ప్రపంచ సగటు ఉష్ణోగ్రతల పెరుగుదల

| వ.సం. | సంవత్సరం | ఉష్ణోగ్రత (సెల్సియస్ డిగ్రీలలో) |
|---|---|---|
| 1 | 1880 | 13.73 |
| 2 | 1900 | 13.74 |
| 3 | 1920 | 13.83 |
| 4 | 1940 | 14.04 |
| 5 | 1960 | 13.99 |
| 6 | 1980 | 14.18 |
| 7 | 2000 | 14.51 |
| 8 | 2020 | 14.83 |

ఇంకా ఈ సంస్థ నివేదిక ముఖ్యాంశాలేమంటే, భవిష్యత్తులో ప్రపంచ సగటు ఉష్ణోగ్రతలో పెరుగుదలకు 1.5 డిగ్రీలకే కట్టడి చేసినా ఆఫ్గానిస్తాన్ నుంచి మయన్మార్ వరకు మొత్తం 3500 కి.మీ. మేర ఉన్న హిందూకుష్ ప్రాంతాల్లో దానికంటే 0.3 డిగ్రీల సెల్సియస్ ఎక్కువగా ఉంటుంది. ప్రపంచ సగటు ఉష్ణోగ్రత రెండు డిగ్రీల మేర పెరిగితే 2100 నాటికి హిమాలయాల్లోని హిమానీనదాలు సగానిపైగా కరిగిపోగలవు. ఇదే జరిగితే సముద్ర ప్రాంతాల ముప్పుకు గురవుతాయి.

హిమానీనదాల్లో ఉండే మంచు గడ్డల లోపలి భాగాల్లో నీరు ప్రవహిస్తుంది. వాతావరణం వేడెక్కడం వల్ల ఎక్కువగా మంచు కరిగి నీటి ఒత్తిడి ఎక్కువవుతుంది. దాన్ని తట్టుకునేందుకు భారీస్థాయిలో ఉండే మంచు ఫలకాలు బ్రద్దలవుతాయి. అప్పుడు లోపలి నుంచి నీరు ఒక్కసారి ఉధృతంగా బయటకు వస్తుంది. ఇదే విపత్తులకు మూలకారణమని నిపుణులు చెబుతున్నారు.

**హిమ జల ప్రళయానికి సూర్యుడి చీకటి ప్రాంతాలు ఓ కారణమే :**

భూమ్మీద జీవి ఆవిర్భావానికి, మనుగడకు సూర్యుడే మూలాధారం. సూర్యుడు విడుదల చేసే కాంతిలో అద్భుతమైన రోగ నిరోధక శక్తి ఉంది. టీబీ రోగాన్ని కలిగించే సూక్ష్మజీవులు మరిగే నీటిలో కూడా సజీవంగా ఉండగలవు. కానీ, తీవ్రమైన సూర్యకాంతితో క్షణాల్లో మరణిస్తాయి. అదే సూర్యరశ్మి విశిష్టత. ఇది సాధారణ మోతాదులో భూమి మీద పడితే మేలు. మోతాదు మించిందంటే మనిషికి హానే. సూర్యుడి నుంచి భూమిని చేరే సూర్యరశ్మిలో పరారుణ కిరణాలుంటాయి. వీటి కారణంగానే ఎండవేడిగా ఉంటుంది. సాధారణంగా ఈ సూర్యకిరణాలు భూమిపై పడి పరావర్తనం చెంది తిరిగి అంతరిక్షంలోకి వెళ్లిపోతాయి. అప్పుడు ఎలాంటి సమస్య ఉండదు. కానీ భూవాతావరణంలో చేరిన కార్బన్‌డై ఆక్సైడ్, మీథేన్, ఓజోన్, నీటి ఆవిరి వంటివి భూతళం నుంచి తిరిగి వెళ్తున్న పరారుణ కిరణాలను పట్టేస్తున్నాయి. అవి అంతరిక్షం వైపు వెళ్లకుండా అడ్డుపడుతున్నాయి. దీంతో భూమిపై ఉష్ణోగ్రత పెరుగుతుంది. సూర్యుడు ఉపరితలంపై దాదాపు వెయ్యి కిలోమీటర్ల వ్యాసం ఉండే చీకటి ప్రాంతాలున్నాయి. వీటినే సన్‌స్పాట్స్ అంటారు. చీకటి ప్రాంతాలంటే వీటి వద్ద ఉష్ణోగ్రత మిగిలిన ప్రాంతాల్లోని ఉష్ణోగ్రత కంటే దాదాపు రెండు వేల డిగ్రీల సెల్సియస్ తక్కువ ఉంటుంది. భగభగమండే సూర్యుడి ఉపరితలంపై ఇలాంటి చీకటి ప్రదేశాలుండడం చాలా ఆసక్తికరమైన విషయం. పైగా ఇవి ఒకే ప్రదేశంలో ఉండక స్థిరమైన సంఖ్యలో కూడా ఉండవు. అంటే ఈ చీకటి ప్రాంతాల సంఖ్య పెరుగుతూ, తరుగుతూ ఉంటుందన్నమాట. ఈ చక్రం పూర్తికావడానికి 11 సంవత్సరాలు పడుతుంది. చీకటి ప్రాంతాలు ఎక్కువ ఉన్నపుడు సూర్యరశ్మి తీవ్రత తక్కువగా, అవి తక్కువగా ఉన్నపుడు సూర్యరశ్మి తీవ్రత ఎక్కువగా ఉంటుందని, ఈ తీవ్రత తేడా 0.1 శాతం అయినప్పటికీ భూవాతావరణంపై దాని ప్రభావం

ఎక్కువగానే ఉంటుంది. భూతాపం పెరగడంలో దీని పాత్ర కూడా ఉంటుందని శాస్త్రవేత్తలు విశ్లేషిస్తున్నారు.

**జలప్రళయాలకు పరిష్కారమేంటి? :**

- ఆ ప్రాంతంలో నిరంతరం జరుగుతున్న విభిన్న పర్యావరణ మార్పులకు సంబంధించిన పలు అంశాలు అర్థం చేసుకోవడానికి విపత్తులు, ఎదురైనపుడు తక్షణమే స్పందించి తగిన చర్యలు తీసుకునేందుకు అనువైన వ్యవస్థ ఉండాలి. ఇందుకోసం ఆ ప్రాంతాల్లోని మార్పులపై ఎప్పటికప్పుడు సమాచార సేకరణ విశ్లేషణ చేయాలి.
- ఎంతో సున్నితమైన హిమాలయ ప్రాంతాల్లో చెక్కలను, రాళ్లను ఉపయోగించి నిర్మాణాలు చేపట్టకూడదు. ఎందుకంటే ఇవే ఉష్ణోగ్రతలు పెరగడానికి కారణమౌతాయి.
- ఇక్కడ జల విద్యుదుత్పత్తి నిర్మాణాలు, ప్రాజెక్టులు విపత్తులకు దారితీస్తాయి. కాబట్టి ఇక్కడా ఇవి చేపట్టడం మంచిది కాదు.
- హిమానీ నదాలు కరగడం, మంచుకొండలు విరిగిపడే పరిస్థితుల్ని గమనించేందుకు నిర్దిష్టమైన వ్యవస్థలను ఏర్పాటు చేయాలి. వేల సంఖ్యలో హిమానీ నదాల్ని ఒక్కోదాన్ని విడిగా పర్యవేక్షించడం సులభం కాదు. అందుకే రిమోట్ సెన్సింగ్ సమాచారం సహాయంతో భారీస్థాయిలో నీటి నిల్వ చేరి ప్రమాదకరంగా మారిన వాటిని సత్వరమే గుర్తించాలి.
- ఉద్గారాల తర్వాత అదుపులో ఉంచేందుకు అడవుల విస్తీర్ణాన్ని గణనీయంగా పెంచడం, సౌర, పవన విద్యుదుత్పత్తికి దృష్టి సారించేలా కార్యాచరణ చేస్తే ముున్ముందు విపత్తులను తగ్గించొచ్చు.
- కొండచరియలు విరిగిపడే అవకాశాలు ఎక్కువగా ఉండే ప్రాంతాల్లో సునామీ హెచ్చరిక వ్యవస్థ స్థాయిలో భారీ వర్షాలకు ముందుగానే గుర్తించే ఏర్పాటుండాలి. ఎక్కువ భాగంలోని లోయలో నీటి స్థాయిలు, పరిమాణాల్ని నిరంతరం పర్యవేక్షిస్తుండాలి. ప్రస్తుతం 3500 మీటర్ల ఎత్తులోపే మానిటరింగ్ స్టేషన్లు ఉన్నాయి. ఆపైన కూడా మానిటరింగ్ స్టేషన్లు ఏర్పాటుచేయాలి.

## 27. నీటి సంరక్షణలో వినూతనంగా...

### (వివిధ ప్రాంతాల విజయగాథలు)

నీటి విలువ తెలుసుకాబట్టే మన పూర్వీకులు నీటి సంరక్షణకు ఎంతో ప్రాధాన్యమిచ్చారు. జలో రక్షతి రక్షితః అనే భావనతో నడుచుకున్నారు. ప్రాంతాలు, వనరులు, అవసరాలను బట్టి నీటిని ఒడిసిపట్టి, ఒడుపుగా వాడుకునే ప్రయత్నాలు చేశారు. గురుత్వాకర్షణ సూత్రం తెలిసో లేదో గానీ నీరుపల్లమెరుగనే జ్ఞానంతో ఎలాంటి పరికరాలు, యంత్రాలు అవసరం లేని ఎన్నో ప్రక్రియలు, పద్ధతులతో నేటి సంరక్షణకు పూనుకున్నారు. కాకతీయుల కాలం నాటి గొలుసుకట్టు చెరువులు, ఇందుకు ఉదాహరణ. అన్యాక్రాంతం కానీ ప్రాంతాలలో ఇవి ఇప్పటికీ ఉపయోగపడుతున్నాయి. అవసరాలు పెరిగిపోతూ వనరులు తగ్గిపోతున్న ప్రస్తుత తరుణంలో నీటి సంరక్షణ గూర్చిన విజ్ఞత మరింత అవసరం. వినూతనంగా మన దేశంలోని కొన్ని ప్రాంతాలలో నీటి సంరక్షణకు చర్యలు తీసుకుంటున్నారు - అవేంటో చూద్దాం.

**మేఘాలయలో వెదురు బిందు సేద్యం :**

బిందు సేద్యం (డ్రిప్ ఇరిగేషన్)ను మనం ఇప్పుడు తోటల పెంపకంలో విరివిగా ఉపయోగిస్తున్నాం. దీనిలో నీటి వృథాను, నీరు ఆవిరైపోవడాన్ని సాధ్యమైనంత మేర తగ్గించి మొక్క వేళ్లలోకి నీళ్లు చేరేలా పైపులు, వాల్వులు ఒక శాస్త్రీయ పద్ధతిలో అమర్చడం ద్వారా మొక్కల పెరుగుదలే లక్ష్యంగా ఈ విధానం పనిచేస్తున్నది. ఇలాంటి పరిజ్ఞానాన్ని 200 ఏండ్ల క్రితం నుంచే మేఘాలయ రాష్ట్రంలో ఉపయోగిస్తున్నారు. ఈ పద్ధతిలో వెదురుబొంగులదే ప్రధానపాత్ర. హిమాలయ ఈశాన్య ప్రాంతాలలో చాలా చోట్ల సహజ

Source:
www.rainwaterharvesting.org/

ఊటలు, కాలువల్లోని నీటిని వెదురు బొంగుల ద్వారా దిగువకు ప్రవహించేలా చేసి, నిల్వ చేస్తారు. దక్షిణ మేఘాలయలో దీన్ని మరింతగా మెరుగుపరిచి దానితో తమలపాకులు, మిరియాల సాగుచేస్తూ ఆర్థిక ప్రగతిని సాధిస్తున్నారు. భౌగోళిక పరిస్థితుల కారణాన ఇక్కడ కాలువల నిర్మించడం చాలా కష్టం. కొండల మీద ఉండే ఊటల నుంచి నీటిని కిందికి తీసుకొచ్చేందుకు వెదురు మంచి సాధనంగా ఉపయోగపడుతున్నది.

వివిధ రకాల సైజులలో ఉన్న వెదురుబొంగులను తీసుకొని ఒక క్రమపద్ధతిలో అమర్చి, నీటిధారను బిందువులుగా పడేలా చేయటం ఈ విధానంలోని ప్రత్యేకత. మొదట్లో వెదురుబొంగుల్లోకి ప్రతి నిమిషానికి 18 నుండి 20 లీటర్ల నీరు ప్రవేశిస్తుంటుంది. కానీ మొక్కల వేళ్ల దగ్గర నిమిషానికి 20 నుంచి 80 చుక్కల నీరే పడుతుంది. దీంతో నీరు ఏమాత్రం వృథాకాదు. గురుత్వాకర్షణ శక్తి, ప్రకృతి నియమాలు సాధనాలతో పర్యావరణహితంగా నిర్వహించే ఈ విధానంతో అక్కడి ప్రజలు ఎంతో విజ్ఞానాన్ని కనబరుస్తున్నారు.

**చెరువుల్లో బావి కచ్ ప్రాంత మాలధారీ తెగ వారి వినూత్న ఆలోచన :**

మాలధారీ తెగ ప్రజలు గుజరాత్‌లోని కచ్ ప్రాంతంలో ముఖ్యంగా గిర్ అడవులలోని జనాగఢ్ జిల్లాలో ఉంటారు. పశువుల పెంపకం, డైరీ వీరి ప్రధానవృత్తి. ఇక్కడ వర్షాలు ఎక్కువ. భూగర్భజలం చాలా వరకు ఉప్పునీరే. అందుకే తాగునీటి సంగ్రహణ కోసం వీరు వినూతన ఆలోచన చేసారు. మంచినీటి కన్నా ఉప్పు నీటి సాంద్రత ఎక్కువ. ఇదే మాలధారీలను ఆలోచించేలా చేసింది. అలా చెరువుల్లో బావుల్లాంటి 'విర్డా'లకు ప్రాణం పోశారు. నీరు ప్రవహిస్తున్న ప్రాంతాలను గుర్తించి లోతుగా ఉండే చోట్ల చిన్న బావులను తవ్వటం ఇందులో కీలకమైన అంశం. వాననీరు మట్టి గుండా లోపలికి ఇంకుతోంది. ఇది భూగర్భజలం మీద తేలుతుంది. దీన్ని త్రాగటంతో పాటు వివిధ రోజు వారీ అవసరాలకు కూడా

Source:https://laurencerose.co.uk/

వాడుతారు. అంతేకాదు ఈ బావులు పూడుకొని పోకుండా బావుల చుట్టూ చెట్లను పెంచి సంరక్షించుకుంటూ పర్యావరణ పరిరక్షణలో కూడా భాగస్వాములౌతున్నారు.

**వాననీటిని కట్టేసి సాగునీరు, త్రాగునీటికి వాడుతున్న జైసల్మేర్ ప్రజానీకానిది ఒక అద్భుత ప్రయత్నం :**

నీరు పల్లమెరుగుతుంది. అందుకే పల్లానికి ప్రవహించే నీటికి అట్టుకట్టవేసి నిల్వ చేసుకోవచ్చని రాజస్థాన్ ఎడారి వాసులు ఏనాడో గ్రహించారు. రాజస్థాన్‌లో నీటి ఎద్దడి ఎక్కువ. వేసవిలో నీటి కష్టాలు మరింతగా ముంచుకొస్తాయి. అందుకే వర్షపు నీటిని ఒడిసిపట్టడం అనే ఆలోచనను జైసల్మేర్, బల్మేర్, పడమర రాజస్థాన్ ప్రాంత ప్రజలు ఎప్పటినుండో అవలంభిస్తున్నారు. ఇక్కడ 'ఖదిన్ల' పేర చిన్న ఆనకట్టలు 100 నుండి 300 మీటర్ల మేర నిర్మిస్తారు. ఇది వర్షపునీరు జాలువారే ప్రాంతానికి దిగువన అడ్డంగా, ఎత్తుగా ఉండే చిన్నపాటి ఆనకట్టలాంటి నిర్మాణం. దీనిలోకి చేరిన నీటిని సాగుకు వినియోగిస్తారు. పొడి నేలలో ఉప్పు పెద్ద సమస్య. ఇది భూగర్భ జలాన్ని ఉప్పునీటిగా మార్చేస్తుంది. అందుకే ఖదిన్లను తేలికైన ఉపాయంతో తాగునీటి అవసరాలకు వాడుకుంటున్నారు. నీరు నిల్వ ఉన్నపుడు కింద ఇంకుతుంది కాబట్టి భూగర్భజలం మట్టం పెరుగుతుంది. అందుకే ఇక్కడి ఈ ప్రజలు ఈ సూత్రం ఆధారంగా ఖదిన్లకు కాస్త దూరంగా చిన్న చిన్న బావులను తవ్వుతారు. భూగర్భజలం మట్టం పెరిగినపుడు బావుల్లోకి నీరు ఉబికి వస్తుంది. ఇది తాగునీటిగా ఉ

Source: http://www.catchnews.com/

ప్రయోగపడుతుంది. ఈ అమరికలన్నీ ఆ ప్రాంతంలోని జీవజాలంకు, పరిసరాలకు మధ్య సత్సంబంధాలుండేలా, ఆ ప్రాంత నేలకోత, భూక్షయంను నివారించేందుకు, ఆ ప్రాంత బంజరు భూములను సాగులోకి తీసుకొచ్చేందుకు సహకరిస్తాయి.

**నీటికి ఎరువేయడం నాగాలాండ్ ప్రజల సృజనాత్మక ఆలోచన :**

నీటి సంరక్షణ, పశువుల పెంపకం, వ్యవసాయం, అడవుల రక్షణ అన్నీ కలిస్తే జాబో పద్ధతి. జాబో అంటే నాగోల భాషలో నీటి కట్టడి అని అర్థం. నాగాలాండ్‌లోని 1270 మీటర్ల అల్టిట్యూడ్‌లో ఫెక్‌జిల్లా 'కిక్రున' అనే ప్రాంతంలో నీటి సంరక్షణకు శతాబ్దాలుగా అనుసరిస్తున్న ఒక సృజనాత్మక ప్రక్రియ. స్థానికంగా దీన్ని రుజా వ్యవస్థ అని కూడా పిలుచుకుంటారు. కొండల మీద పల్లపు ప్రాంతాల్లో కుంటల వంటివి నిర్మించి, వర్షపు నీరు వీటిల్లోకి చేరుకునేలా చేయడం ఇందులో ప్రధానమైన అంశం. పర్వతప్రాంతపు అడవులను సంరక్షించడం అనే పర్యావరణ పరిరక్షణ సూత్రం కూడా ఇందులో దాగి ఉంది. దీన్ని తాగునీటిగానే కాకుండా, సాగునీటి కోసం కూడా వాడుతారు. నీరు కుంటల నుంచి కాలువల ద్వారా కొండల దిగువకు వచ్చేపుడు పశువుల కొట్టాల గుండా, ప్రవహించేలా చేసి పొలాలకు అందిస్తారు. పక్క రోడ్ల ప్రక్కన కాలువలు కట్టి దిగువకు ప్రవహించేలా కూడా చర్యలు తీసుకుంటారు. పశువుల పేడ, మూత్రంతో కలిసిన నీరు పొలాలకు మంచి

Source: https://www.indiawaterportal.org/

ఎరువుగా ఉపయోగపడుతుంది. ఈ నీటితో పొలాల్లో చేపలను కూడా పెంచుతారు. పోషకాలతో కూడిన నీరుండడం మూలాన చేపలు బాగా ఎదుగుతాయి. హెక్టారుకు 50-60 కిలోగ్రాముల చేపల ప్రొడక్షన్ వస్తుంది. పొలాల గట్ల వెంబడి ఔషధ మొక్కలను పెంచటానికి కూడా నీటిని వినియోగించుకుంటారు. ఇలా అవకాశాలను సృష్టించుకొని వీరంతా పర్యావరణ పరిరక్షణ ఉద్యమంలో భాగస్వాములౌతున్నారు.

**మంచునదిని పారించే హిమాచల వాసుల నీటి సంరక్షణ యజ్ఞం :**

హిమాచల్ ప్రదేశ్‌లోని స్పితి ప్రాంతం మంచు ఎడారి అయినప్పటికీ, వ్యవసాయమే ఇక్కడ ప్రధానవృత్తి. హిమానీ నదాల నుంచి నీటిని ఒడిసిపట్టడం ద్వారా నీటి సంరక్షణ చేస్తారు. ఈ నీటిని సాగు అవసరాలకు వినియోగిస్తారు. దాన్నే కులు సాగు పద్ధతి అంటారు. కులు అంటే కాలువ అని అర్థం. పడమటి హిమాచల్‌లోని కంగ్రా వాలీ, దులందర పార్వత ప్రాంతంలోని కంగ్రా, పాలంపూర్ జిల్లాల్లో కులుసాగు పద్ధతిని ఎక్కువగా అనుసరిస్తారు. కొండచరియలు దాటుకుంటూ చాలా దూరాలకు నీటిని చేరవేయడం ఈ విధానం ప్రత్యేకత. కొన్ని కులులైతే 10 కి.మీ. పొడవు కూడా ఉంటాయి. హిమానీనదుల ముఖద్వారం వద్ద నీటిని ఒడిసిపట్టడంతో నీటి సంరక్షణ చర్య ప్రారంభమౌతుంది. బురద, మట్టి చేరకుండా నీటి అంచులకు రాళ్లను అమరుస్తారు. ఈ కాలువలు గ్రామంలో గుండ్రంగా

Source: http://www.rainwaterharvesting.org/

నిర్మించిన నీటిని తీసుకొస్తాయి. అక్కడ్నుంచి వివిధ అవసరాలకు నీటిని వాడుతారు. ఈ ప్రయత్నం వల్ల ఈ నీటి పరీవాహక ప్రాంతమంతా భూగర్భజలం కూడా వృద్ధి చెందుతుంది. 300 సంవత్సరాల క్రితం నుండే ఈ పద్ధతులు రూపొందించి, అమలు చేస్తున్నారు. కాలువలు, చెరువుల నుండి నీటి సరఫరాను నియంత్రించేందుకు ప్రభుత్వ అజమాయిషీలో ప్రత్యేక వ్యవస్థలు పనిచేస్తాయి.

**నీటి సంరక్షణకు కేరళలో కురుమ తెగ ప్రజల తీరు మరో ప్రత్యేకత :**

కేరళలోని కురుమ తెగ ప్రజలు లేయినాడ్ ప్రాంతాల్లో ఎక్కువగా జీవిస్తారు. వీరు అటవీ ఉత్పత్తులైన వెదురుబొంగుల అమ్మకం, తేనే అమ్మకం, వంట చెరుకు అమ్మకంతో పాటు చేపల పెంపకం వీరి జీవన విధానంగా ఉంటుంది. వీరు వెదురు బొంగులతో బిందు సేద్యం చేసినప్పటికీ, తాటిబావుల తయారీ వీరి ప్రత్యేకత. ఈ తాటి బావులను 'పనమ్ కేని' అని పిలుస్తారు. తాటి మొదళ్లను (కారియేట్ ఉరెన్స్) చాలా కాలం నీటిలో నానబెట్టి, మధ్యలోని గుజ్జు వంటి భాగం పూర్తిగా క్షీణించేలా చేస్తారు. దీంతో గట్టిగా ఉండే పై భాగం మాత్రమే మిగులుతుంది. సుమారు 4 అడుగుల వ్యాసం లోతులో ఉండే వీటిని భూగర్భజలం ఎక్కువగా ఉండే ఊటలు, అడవుల్లో భూమిలో నాటుతారు. అప్పుడు ఇదొక చిన్నపాటి బావిలా మారుతుంది.

Source: https://www.sahapedia.org/

వీటిల్లో ఎండాకాలంలోనూ సమృద్ధిగా నీరు ఉంటుంది. వీటిని కురుమలు పవిత్రబావులుగా పరిగణిస్తారు. దీని నీటిని త్రాగునీరుగా, వంటలు చేసేందుకు మాత్రమే ఉపయోగిస్తారు. స్నానాదులు, బట్టలుతికేందుకు కూడా వాడరు. ఇవి 500 ఏండ్ల క్రితం నుంచే వాడుకలో ఉన్నాయని దీన్ని బట్టి మన పూర్వీకులు నీటి సంరక్షణకు ఎంత ప్రాధాన్యమిచ్చారో తెలుస్తున్నది.

**వ్యర్థజలాల శుద్ధి చేసి సాగు అవసరాలకు వాడుతున్న బరాన్ గ్రామవాసులు:**

పంజాబ్ రాష్ట్రంలోని పటియాలా జిల్లాకు చెందిన బారాన్ గ్రామ ప్రజలు రోజువారిగా ఇళ్ల నుంచి వెలువడే మురికినీటిని గ్రామీణ హామీపథకం కింద శుద్ధి చేసి వ్యవసాయ అవసరాల కోసం వాడుతున్నారు. ఇందుకోసం సాంకేతిక పరిజ్ఞానంతో మురుగు స్థిరీకరణ కుంట(వేస్ట్ స్టెబిలైజేషన్ పాండ్) ఏర్పాటు చేసుకున్నారు. ఇది అయిదంచెల వ్యవస్థ. మొదటగా స్కీనింగ్ చాంబర్ కింద గ్రామంలోని ఇండ్ల నుంచి వెలువడే మురిగునీటిని సేకరించి, అందులో తేలియాడు వస్తువులను వేరు చేస్తారు. రెండవ దొంతరగా డైజేషన్ వెల్ ద్వారా నీటిని కలియతిప్పి ఘన వ్యర్థాలు అడుగుకు, ద్రవవ్యర్థాలు పైకి వచ్చేలా చేస్తారు.

మూడవ స్టేజిలో స్కిమ్మింగ్ ద్వారా నీటిని చిలికి నీటిలో కలిసిన ద్రవాలను వేరుచేస్తారు. నాలుగవ స్థాయిలో స్టెబిలైజేషన్ ట్యాంక్ ద్వారా దాదాపు శుభ్రపరిచిన నీటిని సేకరిస్తారు. ఇక ఆఖరుగా ఈ నీటిని ఆక్సిడేషన్ పాండ్‌లోకి పంపి సూర్యరశ్మి బ్యాక్టీరియా, శిలీంద్రాల ద్వారా శుభ్రపరిచి వ్యవసాయ అవసరాలకు వాడుతారు. ఇలా గ్రామం పరిశుభ్రంగా ఉండడమే గాక పంచాయితీకి కూడా ఆదాయం వస్తున్నది.

Waste stabilization ponds treat liquid waste in Baran

Source: https://sujal-swachhsangraha.gov.in/ -0-0-

## 28. నదుల అనుసంధానం కోసం ఆటంకాలు అధిగమించాలి

మనదేశంలో నదుల అనుసంధానంపై తగిన కార్యాచరణ కొరవడడం వల్ల విలువైన జలసంపదను వాడుకోలేకపోతున్నాం. దేశంలో ఏటా 1.37 లక్షల టీయంసీల వర్షపు నీరు అందుబాటులో ఉండగా ఇందులో దాదాపు 66 వేల టియంసీల నీరు నదుల ద్వారా ప్రవహిస్తోంది. 18 వేల టియంసీల నీరు హిమానీనదాలు, గంగానది ద్వారానే ప్రవహిస్తోంది. ఇందులో కేవలం కేవలం నాలుగు వేల టీయంసీల నీరు మాత్రమే వినియోగం అవుతున్నది. మిగతా నీరంతా సముద్రం పాలవుతుందని నివేదికలు చెబుతున్నాయి. కావేరి, పెన్నా, కృష్ణా, గోదావరి బేసిన్లలో నీటి ఎద్దడితో నెలకొంటున్నాయి. అయిదారేండ్లకోసారి దాదాపు వెయ్యి టీయంసీల నీరు సముద్రంలో కలుస్తున్నదని ఈ నివేదికల సారాంశం.

**రాష్ట్రాల అభ్యంతరాలతో దశాబ్దాలుగా ముందుకు కదలని ప్రాజెక్టులు:**

గోదావరి-కావేరి నదుల అనుసంధాన ప్రాజెక్టుకు ఛత్తీస్‌గడ్ అంగీకరించలేదు. మహారాష్ట్ర కొన్ని అభ్యంతరాల, సందేహాలు వ్యక్తం చేస్తున్నది. దేవాదుల - దుమ్ముగూడెం మధ్యలో అకినేపల్లి నుంచి నాగార్జునసాగర్ సోమశిల ద్వారా కావేరీపై ఉన్న గ్రాండ్ ఆనకట్ట వరకు నీటిని మళ్లించేందుకు చేసిన ప్రాజెక్టు నివేదికతో, అకినేపల్లి నుంచి చేపడితే నాగార్జునసాగర్ ఆయకట్టు ప్రాంతం భూసేకరణలో పోతుందని తెలంగాణ అభ్యంతరం చెబుతున్నది. అందుకే దీన్ని మార్పు చేసి ఇచ్చంపల్లి నుంచి నాగార్జునసాగర్ ద్వారా చేపట్టేలా నిర్ణయించారు. దీని ప్రకారం తెలంగాణ, ఆంధ్రప్రదేశ్ కూడా ప్రయోజనం ఉంటుంది. కొత్త ఆయకట్టుకు నీరందడంతో పాటు, పాత ఆయకట్టు స్థిరీకరణ జరుగుతుంది. ఇచ్చంపల్లి వద్ద బ్యారేజీ నిర్మించి రోజుకు 22 టియంసీల చొప్పున 143 రోజుల్లో 247 టీయంసీల వరద నీటిని మళ్లించి 9.44 లక్షల హెక్టార్ల ఆయకట్టు సాగుకు, తాగేందుకు, పారిశ్రామిక అవసరాలకు నీరివ్వాలనే లక్ష్యం సాకారమవుతుంది. ఈ పథకం ద్వారా మళ్లించే 247 టీయంసీలలో 176.5 టీయంసీలు శ్రీరామ్‌సాగర్, ఇచ్చంపల్లి మధ్య లభించే మిగులు కాగా, మిగిలినవి. ఇంద్రావతిలో ఛత్తీస్‌గఢ్‌కు కేటాయించి ఇంకా వాడుకోనివి. వాస్తవానికి ఒడిసాలోని మహానది నుంచి గోదావరి, కృష్ణా, పెన్నా మీదుగా కావేరి వరకు నీటిని తీసుకెళ్లాలనేది నదుల అనుసంధానం ప్రణాళిక. కాని ఒడిశా

ఇందుకు అంగీకరించట్లేదు. అందుకే బ్రహ్మపుత్ర -గంగ- సువర్ణరేఖ- మహానది - గోదావరి అనుసంధానం చేపట్టాలని, ఈలోగా మొదటి దశలో గోదావరి నీటి మిగులు, చత్తీస్‌గఢ్ వాడుకోలేని నీటిని మళ్లించాలని నిర్ణయించారు. కానీ నదుల అనుసంధానం గూర్చి దశాబ్దాలుగా అడుగులు ముందుకు పడటం లేదు. మహానది నుంచి తేకుండా గోదావరిలో ఉన్న మిగులు నీటిని మళ్లించే ప్రతిపాదన చేస్తున్నారు. తమ అవసరాలు పోనూ మిగులు ఉంటే మళ్లించడానికి అభ్యంతరం లేదంటున్న తెలంగాణ-శ్రీరామ్‌సాగర్, ఇచ్చంపల్లి మధ్య మిగులు ఉందంటున్న జాతీయ జల అభివృద్ధి సంస్థతో ఏకీభవించే అవకాశం లేదు. ఛత్తీస్‌గఢ్ తమ వాటాను మళ్లించడానికి వీల్లేదని, ఇంద్రావతిపై బోధ్‌ఘాట్ వద్ద 169 టీయంసీలతో బహుళార్థక సాధక ప్రాజెక్టును ప్రతిపాదించినట్లు వెల్లడిస్తోంది. అలాగే ఇంద్రావతిలో తమకు 40 టీయంసీల కేటాయింపు ఉందని, దట్టమైన అటవీప్రాంతం కారణంగా ఇక్కడ వాడుకోలేని నీటిని పక్కబేసిన్‌లో వాడుకోవడానికి ప్రణాళికలు చేస్తున్నామని మహారాష్ట్ర అంటోంది. దక్షిణాది నదులను ఉత్తరభారత నదులతో అనుసంధానించాలని 19వ శతాబ్దంలోనే సర్ ఆర్థర్ కాటన్ ప్రతిపాదించాడు. 1970 వ దశకంలో హిమాలయ ప్రాంతంలోని గంగాబేసిన్‌ను బ్రహ్మపుత్రతో అనుసంధానించాలని వ్యూహరచన చేశారు. కానీ ఉత్తరాది నుంచి వ్యతిరేకత వచ్చింది. అలా అది ముందుకు సాగలేదు.

**జాప్యంతో పెరుగుతున్న నిర్మాణ వ్యయం :**

నదుల నుంచి వృధాగా సముద్రంలో కలుస్తున్న నీటికి అడ్డుకట్టవేసేందుకు ప్రభుత్వాలు ప్రణాళికలు రూపొందిస్తున్నాయి. కానీ వాటి అమలులో తీవ్ర జాప్యం వల్ల అంచనాలు ఏటా మారుతున్నాయి. ఉదాహరణకు 1941లో ప్రతిపాదించిన పోలవరం ప్రాజెక్టుకు ఆరున్నర కోట్లు అవుతుందని అంచనా వేయగా, ఆ వ్యయం 1947 నాటికి 129 కోట్లకు చేరింది. 2004లో 8261 కోట్లకు ప్రస్తుతం 55 వేల కోట్లకు చేరింది. 2008లో ప్రాణహిత చేవెళ్ల ప్రాజెక్టు అంచనా 17 వేల కోట్లు. 2020 నాటికి 80 వేల కోట్లకు చేరింది. ఈ ప్రాజెక్టు పూర్తయ్యేనాటికి లక్ష కోట్లు దాటుతుందని అంచనా. నర్మదా డ్యాం నిర్మాణం విషయంగా 1986లో 6,406 కోట్ల వ్యయం అంచనా వేస్తే 2017లో 47,300 కోట్లకు చేరింది. ఇప్పటికీ కాల్వలు నిర్మాణం పూర్తికాలేదు. మనదేశంలో ఒక్కో ప్రాజెక్టుకు 30 నుంచి 60 సంవత్సరాల సమయం

పడుతున్నది. చైనాలోని యాంగ్జీనదిపై త్రీగోర్జెస్ డ్యామ్ నిర్మాణానికి 1992లో ఆమోదం తెలుపగా, 1994 డిసెంబర్‌లో నిర్మాణం ప్రారంభమై 2012 నాటికి పూర్తయింది. ప్రపంచంలోనే అతిపెద్ద ప్రాజెక్టు అక్కడా 18 ఏండ్లల్లో పూర్తి చేయగా అందులో పదోవంతు కూడా లేని మన జలాశయాల నిర్మాణం దశాబ్దాల తరబడి కొనసాగుతున్నది.

**రాష్ట్రాల సహకారంతోనే నదుల అనుసంధాన ఆటంకాలను అధిగమించగలం :**

నదుల అనుసంధాన ప్రక్రియ యోచన ప్రారంభమైన నాటి నుండి ఇప్పటిదాకా కేంద్ర నీటి వనరుల మంత్రిత్వ శాఖ 50కి పైగా నివేదికలు తయారుచేసింది. గోదావరిలో తెలుగు రాష్ట్రాలకు కేటాయించిన నీటిని ఆ రాష్ట్రాలు పూర్తిగా వినియోగించుకునేలా నదుల అనుసంధానాన్ని సమన్వయీకరించాలని టాస్క్‌ఫోర్సు కమిటీ స్పష్టం చేసింది. గోదావరి-కావేరీ అనుసంధానం వల్ల తెలంగాణలోని ఉమ్మడి నల్గొండ జిల్లాలోని వెనుకబడిన ప్రాంతాల్లోని ఆయకట్టుకు ప్రయోజనం చేకూరుతుందని కమిటీ అంటోంది.

గోదావరిలో తెలంగాణ 954.23 టీయంసీలకు గాను 1355 టీయంసీలతో ప్రాజెక్టులకు ప్రతిపాదించిందని, ఎగువనుంచి వచ్చే ప్రవాహాన్ని అడ్డుకోవడం వల్ల తమకు ఇబ్బంది కలుగుతుందని ఆంధ్రప్రదేశ్ అభిప్రాయపడుతోంది. అలాగే గోదావరి నుంచి బనకచెర్ల వరకు 200 టీయంసీలు, గోదావరి పెన్నా అనుసంధానానికి 320 టీయంసీలతో ప్రాజెక్టులు చేపడుతున్నాం కాబట్టి తమకు సమస్య అవుతుందనీ పేర్కొంటున్నది. గోదావరి నీటిని కృష్ణానదికి మళ్లిస్తున్న కారణంగా కర్ణాటక, మహారాష్ట్రలు వాటా అడుగుతున్నాయి. కావేరీలో తమిళనాడుకు ఎక్కువ ప్రయోజనం కలుగుతుంది కాబట్టి ఆ మేరకు తమకు కూడా కేటాయించాలని కర్ణాటకతో పాటు కేరళ, పాండిచ్చేరి కోరుతున్నాయి. ఇలా రాష్ట్రాల అభిప్రాయాలను కాదని కేంద్రం ముందుకెళ్లలేదు. నికర జలాలు, మిగులు జలాలు ఎంత వినియోగించుకోవచ్చో ఆ మేరకు ప్రాజెక్టులను తమ అవసరాలకు తగ్గట్టుగా శాస్త్రీయంగా రూపకల్పన చేసుకొని, సమన్వయంతో అమలు చేస్తేనే నదుల అనుసంధానం సాకారమవుతోంది. అప్పుడే నీటి సంపద వృథా చేసే ధోరణికి అడ్డుకట్ట పడి, తాగునీరు, సాగునీరు కష్టాల నుండి బయటపడగలుగుతాము. -0-0-

## 29. సునామీ

కరాటే, బోన్సాయి, కామికాజీ లాంటి ప్రపంచ జనావళికి పరిచితాలైన మాటలు జపాన్ భాషలో నుండొచ్చాయి. అలాగే 2004 సంవత్సరాంతానికి సునామీ అనే మరో జపానీ పదం ప్రపంచవ్యాప్తంగా వాడుకలోకి పరిచయమయ్యింది. 'సునామీ' అనే పదంలో ఓడరేవు, అల అనే రెండు జపానీ మాటలున్నాయి. అంటే "రేవు అల" అనే ఒక పెద్ద ఉప్పెనగా మనం అనుకోవచ్చు. ఈలాంటి ఉప్పెనలు జపాన్‌లో ఎక్కువగా వస్తాయి. ఇలాంటి సంఘటనలు ప్రాచీనకాలం నుంచీ జరుగుతూనే ఉన్నాయి. క్రీ.పూ. 1480లో తూర్పు, మధ్యధరా సముద్ర ప్రాంతాలలో సునామీ కావడాన మినోవా నాగరికత తుడిచి పెట్టుకుపోయిందని చారిత్రక ఆధారాలు చెబుతున్నాయి.

### సునామీ అంటే ఏమిటి? అది ఎలా వస్తుంది?

సునామీ అనేది సముద్రంలో తలెత్తి, తీరప్రాంతాలను పెద్దపెట్టున ముంచెత్తే బ్రహ్మాండమైన ఆల - ఇటువంటి అల ఉవ్వెత్తున లేచి, వేగంగా తీరం మీద విరుచుకుపడి అంతకన్నా వేగంగా వెనక్కు వెలుతుంది. కనుక దానివల్ల తీవ్ర నష్టము, వినాశనము కలుగుతాయి. భూమిపై పొర అనేక ఫలకాలతో కూడుకుని ఉంటుంది. వీటి మందం 200 మీటర్ల దాకా ఉండొచ్చు. వీటి ఎగువన, సముద్రాలు, మహాసముద్రాలూ, భూఖండాలన్నీ ఉంటాయి. ఈ ఫలకాలన్నీ లోపల జారుడుగా ఉన్న ధృవ పదార్థం మీద తేలుతూ ఉంటాయి. కాబట్టి అప్పుడప్పుడూ పరస్పరం ఢీకొట్టుకుంటాయి. ఈ టెక్టొనిక్ సంఘటనలు, ఫలకాల పగుళ్లు, భూకంపాలకు కారమౌతాయి. అందుచేత సముద్రాల అడుగు భాగపు నేలను క్రింది నుంచి పైకి తన్నినట్టుగా అవుతుంది. ఇందువల్ల స్థానభ్రంశం చెందిన నీటిలో పైకెగసే ఒక అల ఉత్పత్తి అవుతుంది. దీని డోలన పరిమితి ఎక్కువ ఉండదు. గాని అల నిడివి వందల కిలోమీటర్ల వరకు ఉండవచ్చు. సముద్రపు ఒడ్డున సామాన్యంగా గాలికి లేసే అలలు గుండ్రంగా వలయాకారంలో తిరిగి, తీరం దాకా వచ్చి వెనక్కెలతాయి. సునామీ వచ్చినపుడు మటుకు నీరు నేరుగా తీరానికి తాకి వరద ముంచెత్తినట్టుగా అంతులేని నష్టాన్ని కలిగిస్తుంది. ఇది గంటకు వెయ్యికిలోమీటర్ల వేగంతో కదిలి, తీరాన్ని తాకే సరికి ఇది గంటకు 50 నుండి 60 కిలోమీటర్ల వేగానికి తగ్గుతుంది.

**హిందు మహాసముద్రం సునామీ 2004 :**

డిసెంబరు 26, 2004 ఉదయం నీటి అడుగున భూకంపం 9.1 తీవ్రతతో హిందూ మహాసముద్రం అంతటా విస్తరించి భారీ సునామీని ప్రేరేపించింది. ఈ సునామీ మొదట ఇండోనేషియాను తాకింది. తర్వాత థాయ్‌లాండ్, శ్రీలంక, భారత్, దక్షిణాఫ్రికా మరియు 11 ఇతర దేశాలకు కొన్ని గంటల వ్యవధిలోనే తాకింది. హిందూ మహాసముద్రాన్ని పరివేష్టించే ప్రదేశాలైనా తూర్పున బోర్నియా నుంచి పడమటనున్న ఆఫ్రికా తూర్పు తీరందాకా. మనదేశంలో సహా ఎన్నెన్నో ప్రాంతాలు ప్రమాదానికి గురి అయ్యాయి.

ఇందులో అలలు 100 అడుగులు పైకి ఎగబాకాయి. 2,30,000 ప్రాణాలు కోల్పోయారు. సుమారు 10 బిలియన్ల డాలర్లు భౌతిక నష్టం జరిగింది. గ్రాములు, రిసార్ట్‌లు, వ్యవసాయ భూములు, షిప్పింగ్ మైదానాలు నాశనం కావడం వల్ల సుదీర్ఘ పర్యావరణ నష్టం జరిగింది. ఇటువంటివి 1960లో దక్షిణ అమెరికాలోని చెలీ, 1964లో అలస్కా, 1952లో రష్యాలోని కంచాత్కా ప్రాంతాల్లో కూడా వచ్చాయి. ఇవన్నీ సునామీలకు దారితీశాయి. 9.5 మోతాదులో చిలీ భూకంపం అన్నింటికన్నా పెద్దది. అండమాన్ ప్రాంతపు గుండా భ్రంశం హిందూ మహా సముద్రపు ఫలకాన్ని బర్మా ఫలకాన్నుంచి వేరు చేస్తుంది. వీటిలో భారత్ ఫలకం ఈశాన్యదిశగా సంవత్సరానికి రెండంగుళాల చొప్పున కదులుతూ ఉంటుంది. 2004 భూకంపం వచ్చినపుడు వెయ్యి కిలోమీటర్ల మేరకు సముద్రపు నేల 5 మీటర్ల పైకి లేచిందని అంచనా. అందుకే నీటిలో చాలా పెద్ద ఉత్పాతానికి కారణమయ్యింది.

**సునామీలకు ఇతర కారణాలు :**

సునామీలు ప్రధానంగా భూకంపాల వల్లనే తలెత్తినా ఇతర కారణాలు ఉండొచ్చు. సముద్రాల అడుగున భూతాపం వంటివి సంభవించినపుడు అంటే నేల చరియలు విరిగి పడినపుడు లేదా అగ్ని పర్వతం పేలినపుడో పెద్ద అలలు లేస్తాయి. అలాగే ఆకాశం నుంచి పెద్ద ఉల్క వంటిది. సముద్రంలో రాలితే ఇటువంటి ప్రమాదాలే కలుగుతాయి. భౌతిక కారణాల వల్ల నీరు స్థానభ్రంశం చెందడం సహజమే అయినప్పటికీ జీవజాలానికి, మానవులకు మాత్రం అదొక తీవ్ర ప్రమాదం అవుతుంది.

సునామీ రాకుండా తీసుకోవాల్సిన జాగ్రత్తలు :

1. తుఫాను ఆశ్రయాల నిర్మాణాలు చేపట్టాలి.
2. తీరరేఖ వెంబడి మడ అడవులు మరియు తీరప్రాంత అడవుల పెంపకం చేపట్టాలి.
3. సంక్షోభ సమయంలో అవసరమైన శిక్షణ మరియు అత్యవసర కమ్యూనికేషన్ అందించడానికి తీరరేఖల వెంట స్థానికంగా గ్రామీణ, పట్టణ విజ్ఞాన కేంద్రాల నెట్‌వర్క్ అభివృద్ధి చేయాలి.
   ఉదా: పాండిచ్చేరిలో యంయస్ స్వామినాథన్ ఫౌండేషన్ అభివృద్ధి చేసిన కేంద్రాలు.
4. నిపుణులతో సంప్రదించి నిర్దిష్టంగా, శాస్త్రీయంగా సముద్రపు గోడలు మరియు పగడపు దిబ్బల నిర్మాణం చేపట్టాలి.
5. తుఫాను మరియు సునామీ ప్రమాదాలకు వ్యతిరేకంగా అవసరమైన పరిపుష్టిని అందించడానికి తీరం వెంబడి బాగా రూపొందించిన 'బ్రేక్ వాటర్స్' అభివృద్ధి చేయాలి.
6. ప్రమాద హెచ్చరికలు అందించే సైజ్మోగ్రాఫ్ పరికరాలు ప్రధానంగా భూకంపస్థాయి రిక్టర్ స్కేలు 6.5 మించినట్టయితే ఈ కంపనాలకు స్పందిస్తాయి. సంఘటన జరిగాక సముద్రపు నీరు పోటెత్తి తీరాలను చేరడానికి కొంతసేపవుతుంది. కనుక ఆ లోపల రేడియో, టెలిఫోన్ సునామీ గుర్తింపు, అంచనా మరియు హెచ్చరిక వ్యాప్తి కేంద్రాల అభివృద్ధి చేసి ఈ వ్యవస్థల ద్వారా సమాచారం పంపి తీరవాసులను సురక్షిత ప్రాంతాలకు తరలించవచ్చు.
7. 'బయో-షీల్డ్' అభివృద్ధి కోసం శాశ్వత నిర్మాణాలు ఈ జోన్‌లో ఏవైనా ఉంటే సూచించిన నిబంధనలను కఠినంగా అమలుచేయాలి. బయో-షీల్డ్‌ను తీరప్రాంత విపత్తు అభయారణ్యంగా అభివృద్ధి చేయాలి. దీనికోసం ప్రజలకు అవగాహన కల్పించాలి. దట్టమైన అటవీ ప్రాంతం కోసం చర్యలు తీసుకోవాలి.
8. బలహీనమైన నిర్మాణాలను గుర్తించడం. సునామీ నిరోధానికి తగిన రీట్రోఫిటింగ్ భవనాలకు తగు ప్రణాళిక రూపకల్పనతో నూతన సౌకర్యాల నిర్మాణాలు చేపట్టాలి.

-0-0-

## ౩౦. వాతావరణ మార్పులతో హిమాలయాల్లో అసమతుల్యత

మానవ కార్యకలాపాలు, వాతావరణంలో వస్తున్న పెనుమార్పులు హిమాలయాల్లోని సమతుల్యత దెబ్బతీస్తున్నాయి. పెరుగుతున్న ఉష్ణోగ్రత వల్ల హిమనదాలు కరిగిపోతూ పర్వతాల నుంచి జలప్రవాహాలు ఉధృతంగా కిందకు వచ్చి పడుతున్నాయి. ఆకస్మిక కుంభవృష్టి, మెరుపు వరదలధాటికి కొండ చరియలు విరిగిపడుతున్నాయి. వాననీటిబోరును అడ్డుకోగల అడవులు హరించుకుపోతున్నాయి.

ప్రాజెక్టులకు పెను ప్రమాదం:

హిమనద ప్రాంతంలో కొండచరియలు, మంచుగడ్డలు విరుచుకుపడడం ఈ మధ్యలో సర్వసాధారణమయినాయి. దీని వల్ల అక్కడి నదులు ఉధృతంగా వరదలుగా పొంగుతున్నాయి. వరదల తాకిడికి వంతెనలు తునాతునకలైంది. జలవిద్యుత్ కేంద్రాలు ధ్వంసమౌతున్నాయి. ఇటీవల రిషిగంగ నదికి ఉధృతంగా వరదలువచ్చి వంతెనలు కూలిపోయాయి. తపోవన్ విష్ణుగడ్ జల విద్యుత్ ప్రాజెక్టు బ్యారేజీ క్షణాల్లో నాశనమైంది. ఈ ప్రాజెక్టుకు చెందిన సొరంగం మట్టి, రాళ్లతో కూరుకుపోయాయి. జలప్రవాహాల అలకనంద నది మీద కట్టిన వంతెన కూల్చేసాయి. హిమాలయ నదులకు మానవుడు కృత్రిమంగా అడ్డుకట్ట వేయడం వల్ల సంభవించిన పర్యావరణ అభివృద్ధి శాపమిది. 2013లో చొరాబరీ హిమనదం కరిగిపోవడం వల్ల మందాకినీ నది ఆకస్మిక వరదతో పోటెత్తింది. పై నుంచి వచ్చిపడిన టన్నుల కొద్దీ మట్టి, రాళ్లు, బురద నీటితో కేదారినాథ్ మునిగిపోయి వేలల్లో ప్రాణనష్టం, అపార ఆస్తి నష్టం జరిగింది. హిమాలయాల్లో ఉద్భవించే చాలా నదులు ముఖ్యంగా జూన్ నుండి అక్టోబర్ వరకు వర్షాకాలంలో నదినీటిలో అధిక సిల్ట్ కలిగి ఉంటుంది. ఈ సిల్ట్ తీసివేయకపోతే టర్బైన్ బ్లేడ్లు మరియు ఇతర ఉక్కు నిర్మాణాల కోతలాంటి సమస్యల వల్ల ఇక్కడి జలవిద్యుత్ కేంద్రాలకు భారీనష్టం కలుగుతుంది.

చార్‌దామ్ ప్రాజెక్టుతో పర్యావరణ కలకలం:

ఉత్తరాఖండ్‌లోని కేదారినాథ్, బదరీనాథ్, గంగోత్రి, యమునోత్రి పుణ్యక్షేత్రాలను రెండు లైన్ల రహదారితో కలిపే చార్‌ధామ్ ప్రాజెక్టు సర్వత్రా ఆందోళనలు వ్యక్తమౌతున్నాయి. చార్‌ధామ్ ప్రాజెక్టు కోసం కొండలు తవ్వడం, కొండవాలుల్లో చెట్లను నరికివేయడం పాతరోడ్లను వెడల్పు చేయడం ముమ్మరమైనది.

వానలు వరదలు వచ్చినపుడు నీటి ఉధృతిని అడ్డుకునేది ఈ చెట్లే కానీ, అవి క్రమంగా నశించిపోతుండటంతో హిమాలయ రాష్ట్రాల్లో హిమనదక్షయం వల్ల వచ్చిపడుతున్న మెరుపు వరదలను అడ్డుకునే అవకాశం లేకుండా పోతున్నది. హిమనదాలు కరిగి రిషిగంగ, తపోవన్ ప్రాజెక్టులు దెబ్బతిన్నా జలవిద్యుత్కేంద్రాల నిర్మాణం ఆగడం లేదు. చార్‌ధామ్ ప్రాజెక్టు కోసం రోడ్డును పదిమీటర్ల మేరకు విస్తరించడం హిమాలయ పర్యావరణాన్ని దెబ్బతీస్తుందని స్థానికులు సుప్రీంకోర్టుకు ఆశ్రయించడం వల్ల న్యాయస్థానం రోడ్డు వెడల్పు అయిదున్నర మీటర్లకు మించికూడదని ఉత్తర్వులు జారీచేసింది.

**సాగరాలను ముంచుతున్న గరళం:**

పారిశ్రామిక, ప్లాస్టిక్ వ్యర్థాలు, చమురు కలువడం వల్ల సముద్రజలాల్లో కాలుష్యం పెరుగుతున్నది. ముడిచమురు సముద్రాలలో కలిసి అది తెట్టులా పేరుకుపోయి సముద్రజీవ జలానికి ప్రమాదకరంగా మారుతున్నది. సముద్ర ఉపరితలాలపై చమురు తెట్టు ఏర్పడడం కొన్నిసార్లు సహజంగా కూడా జరుగుతుంది. సముద్ర అంతర్భాగాల్లో ఉండే కర్బన పదార్థాల నుంచి దీర్ఘకాలంలో కొంత ముడిచమురు ఏర్పడుతుంది. వివిధ వాతావరణ పరిస్థితుల వల్ల అది తెట్టు రూపంలో నీటి ఉపరితలానికి వస్తుంది. సముద్రం అడుగున ఉండే కొన్ని రాళ్ళు క్రమక్షయానికి గురయినప్పుడూ చమురు ఉత్పత్తి అవుతుంది. వీటి ప్రభావం అంత తీవ్రంగా ఉండదు. చమురును రవాణా చేసే పైపులైన్లు పగిలినపుడు, ముడిచమురు నిల్వ కేంద్రాల్లో ప్రమాదాలు సంభవించినప్పుడు, నౌకలు ఢీకొన్నప్పుడు సముద్రంలోకి చమురు విడుదలై నీటి ఉపరితలంపై తెట్టులా ఏర్పడుతుంది. పరిమాణాన్ని బట్టి ప్రాణాలపై, పర్యావరణంపై దాని ప్రభావం ఉంటుంది. చమురు కొద్ది మొత్తంలో ఒలికితే ఆ ప్రభావం తక్కువే. ఒకేసారి పెద్ద మొత్తంలో చమురు ఒలికితే చాలా విపత్కర పరిణామాలుంటాయి.

**చమురు తెట్టుతో జీవజాలానికి ముప్పు :**

సముద్రాల్లోని మత్స్యజాతులు ఇతర జీవులతో పాటు సాగరాల మీదుగా పక్షులకు సైతం ఈ చమురు తెట్టులు తీవ్ర ముప్పును కలిగిస్తున్నాయి. నీటి పిల్లి వంటి కొన్ని క్షీరదాల సంతాన సాఫల్యతపై ఇవి ప్రభావం చూపుతున్నాయి. చమురు

తెట్టులో పలుజాతుల పక్షుల రెక్కలు తడిచి, ఎగరలేక మరణిస్తున్నాయి. తాబేళ్ళ పిల్లలు దూరం నుంచి ఈ తెట్టును ఆహారంగా భ్రమించి అందులోకి వెళ్లి ఇరుక్కొని ప్రాణాలు కోల్పోతున్నాయి. డాల్ఫిన్లు, తిమింగిలాలు ఈ చమురును పీల్చుకోవడం వల్ల వాటి ఊపిరితిత్తులు దెబ్బతింటున్నాయి. చమురు కాలుష్యం మత్స్యజాతుల ఉదరాల్లోకి వెళ్లి, వాటిని తిన్న వారి ఆరోగ్యమూ దెబ్బతింటోంది. చమురుతెట్టుల వల్ల సముద్ర పర్యావరణం తీవ్రంగా దెబ్బతినడంతోపాటు, వాటిపై ఆధారపడే లక్షలాది మత్స్యకారుల జీవితాలే అస్తవ్యస్తమౌతున్నాయి. చమురును పీల్చుకునే దూది వంటి పదార్థాలను ఉపయోగించడం, తగిన జాగ్రత్తలు తీసుకొని దాన్ని మండించడం జీవపదార్థాలతో తొలగించడం, డిటర్జెంట్లనుపయోగించి ఎమాల్సిఫికేషన్ వంటి పద్ధతులతో చమురును తొలగిస్తారు. సముద్ర జలాల్లోకి చమురు ఒలకకుండా అంతర్జాతీయంగా అన్ని దేశాలూ వీలైనన్ని పటిష్టచర్యలు తీసుకోవాలి.

కరిగి నీవరవుతున్న హిమనదాలు :

వాతావరణ మార్పులతో హిమనదాలు వేగంగా కరిగిపోతుండటంతో ఈ శతాబ్దం మధ్యనాళ్లకే తీవ్రనష్టాలు ఎదురుకావొచ్చని అంచనా. హిమనదాల నుంచి నదుల్లోకి ప్రవహించే నీరే వ్యవసాయానికి, పాడిపరిశ్రమకు, విద్యుదుత్పాదన, పారిశ్రామికోత్పత్తి, రవాణారంగాలకు జీవనాధారం. గంగ, బ్రహ్మపుత్ర, సింధు నదులకు హిమనదాల రూపంలో ఘనీభవించిన మంచు ప్రాణాధారం. 2000 సంవత్సరంలో భారత్, బంగ్లాదేశ్‌లలో గంగా-బ్రహ్మపుత్ర పరీవాహక ప్రాంతాల జీడీపీ దాదాపు రూ॥ 31 లక్షల కోట్లని అంచనా. 2050 నాటికి ఇది 12 రెట్లకు పైగా పెరగనున్నది. ప్రస్తుతం హిమాలయ జీవనదులు దాదాపు 13 కోట్ల మంది రైతులకు జీవనాధారం కల్పిస్తున్నాయి. ఎండాకాలంలో హిమనదాలు ఏటా 267 గిగాటన్నుల నీటిని కోల్పోతున్నాయి. భూతాపం పెరుగుతున్నపుడు ఆరంభంలో హిమనదాలు ఎక్కువ నీటిని విడుదల చేస్తాయి. దానివల్ల నదుల్లో వరద ప్రవాహం పెరుగుతుంది.

కానీ హిమనదులు అదృశ్యమైతే నదులూ వట్టిపోతాయి. ఈలోగా హిమనదాల నుంచి వచ్చే నీటితో సముద్రమట్టాలు పెరిగి తీరప్రాంతాలు మునిగిపోతాయి. భూతాపాన్ని ఎంత వేగంగా అరికడితే అంత వేగంగా భూమి, నదులు కోలుకొంటాయి. అభివృద్ధి పేరిట అడ్డూ ఆపూ లేకుండా పర్యావరణ ధ్వంసానికి పాల్పడకుండా సమతౌల్య ప్రగతి విధానాలు రూపొందించి అమలు చేయాలి. -0-0-

## 31. పశు సంపద మరియు కోళ్ల పెంపకానికి నీటి నాణ్యత

నీటిపారుదల కాలువలు తరుచుగా పశువులకు, కోళ్లకు త్రాగునీటి వనరుగా పనిచేస్తాయి. ఈ మూగ జీవులు నాణ్యత లేని త్రాగునీటి వనరులను తరచుగా వినియోగిస్తాయి. వ్యవసాయ నీటిపారుదల కొరకు లవణీయత అవసరాలు జంతువుల కంటే తక్కువగా ఉంటాయి. లవణీయమైన నీరు లేక విషపూరిత మూలకాలు కలిగిన నీరు జంతువుల ఆరోగ్యానికి ప్రమాదకరం. వీటి ద్వారా వచ్చిన పాలు, మాంసం, గుడ్లు, కూడా మానవ, ఇతర జీవజాలాల ఆహార వినియోగానికి అనర్హం కావచ్చు. ఈ సమస్యలు తగ్గించేందుకు పశుసంపద మరియు కోళ్ల పరిశ్రమకు ప్రత్యామ్నాయ, మంచి నాణ్యత గల త్రాగునీటిని సరఫరా చేయడం ఆవశ్యకం.

### నీటి అసమతుల్యత వల్ల అనర్థాలు :

ప్రపంచంలోని శుష్క మరియు పాక్షిక శుష్కప్రాంతాలలో పశువులు సాధారణంగా సంవత్సరంలో చాలా నెలల పాటు నాణ్యత లేని తాగునీటిని ఉపయోగిస్తాయి. చిన్న బావులు, కాలువలు, ప్రవాహాలు, నీటి గుంటలు నీటి తాగునీటి సరఫరాలుగా ఉంటాయి. అప్పుడప్పుడు ఇలాంటి నీటిలో ఉప్పు ఎక్కువగా ఉంటుంది. ఇది పశువులలో శారీరక సమస్యలకు లేదా మరణానికి కారణమౌతుంది. సరియైన పోషకాహారం దొరకక, నీటి అసమతుల్యత వలన ప్రధానంగా ఈ సమస్య ఉత్పన్నమవుతున్నది. పశువులకు పౌల్ట్రీకి సరఫరా చేసే నీటిలో అధికస్థాయి మెగ్నీషియం ఉంటే స్కారింగ్ మరియు డయేరియా వ్యాధులొస్తాయి. ఏదైనా ప్రత్యేక నీటి వినియోగాన్ని అంచనావేయడంలో స్థానిక పరిస్థితులు మరియు ప్రత్యామ్నాయ సరఫరాల లభ్యత ముఖ్యమైన పాత్ర పోషిస్తాయి. పెద్దబావులు మరియు ప్రవహించే ప్రవాహాల కంటే చిన్నలోతు బావులు మరియు ప్రవాహాలు కలుషితయ్యే లేదా నాణ్యత లేని నీటిని ఉత్పత్తి చేసే అవకాశం ఉంది. అలాగే భూగర్భజలాలు ఉపరితల నీటికంటే రసాయనికంగా అసమతుల్యతతో ఉండే అవకాశం ఉంది. వేడి, పొడి కాలంలో మార్జినల్ (ఉపాంత) నాణ్యత గల నీరు తగినది కాదు. ఎందుకంటే ఈ కాలంలో భాష్పీభవనం కారణంగా సహజ లవణీయత పెరుగుతుంది. వేడి మరియు పొడిఫీడ్ తీసుకోవడం వల్ల జంతువుల నీటి వినియోగం పెరుగుతుంది. చెరువుల, ట్యాంకులు,

కుంటల నీరు కాలంలో ఎక్కువగా భాష్పీభవనం చెందడం వల్ల ఆ నీటి అవణీయత పెరుగుతుంది. ఈ కాలంలో నీటి ఉష్ణోగ్రత కూడా పెరుగుతుంది. పాలిచ్చే, యువ మరియు బలహీనమైన జంతువులు సాధారణంగా ఈ కాలంలో ఎక్కువగా ఆరోగ్య సమస్యలపాలవుతాయి. గతంలో పశువులు ప్రకృతిలో ఉండే పచ్చిక బయళ్లలో పెరిగే గడ్డిని ఆహారంగా తీసుకునేవి. కానీ, వాటి స్థానంలో పౌల్ట్రీకి, పశువులకు అధిక ప్రొటీన్ సప్లిమెంటరీ ఫీడ్ నందిస్తున్నారు. ఈ ఫీడ్‌లో తక్కువ తేమ మరియు అధిక ఉప్పు ఉండే స్వభావం రీత్యా జంతువుల లవణీయత సహనం తగ్గిపోతుంది. నీటి లవణీయత సహనంలో వ్యత్యాసం వివిధ జంతుజాతులలో గణనీయంగా ఉంటుంది. ఈ కారకాల వల్ల సంభవించే ఆర్థిక నష్టాలు, ఇతర ప్రమాదాలను నివారించాల్సిన అవసరాన్ని పరిగణలోకి తీసుకొని నేషనల్ అకాడమీ ఆఫ్ సైన్సెస్ లవణీయత దృక్కోణం నుండి 5 ds/n కంటే తక్కువ విద్యుత్ వాహకత (ECW) తో పశువుల తాగునీరు ఉండాలని నిర్ధారించింది. దీని వల్ల జంతువులకు చిన్నపాటి శారీరక అసౌకర్యం కలిగినప్పటికీ దాని సకాలంలో గుర్తించి తగు చర్యలు తీసుకోవచ్చని అలా ఆర్థిక నష్టాలు, తీవ్ర శారీరక అవాంతరాలను తగ్గించొచ్చని నివేదించింది.

నేషనల్ అకాడమీ ఆఫ్ సైన్సెస్ సిఫార్సులు:

1. చాలా తక్కువ నీటితో జంతువులు స్వల్పకాలికంగా జీవించగలవు. సుదీర్ఘ కాలంపాటు జంతువుల నీటి అవసరాల కోసం వాటి శారీరక సమస్యలు తగ్గించేందుకు నీటి నిలువ ప్రాంతాలైన ట్యాంకులు, కాలువలు, ఓవర్‌ఫ్లోలను ఫ్లషింగ్ చేయడం, శుభ్రపరచడం చేయాలి. దీని ద్వారా భాష్పీభవనం కొంత మేర నిరోధించబడుతుంది.
2. డైల్యూట్ నీరు జంతుజాల నీటి అవసరాలకు చాలా ఉపయోగం. ఇందుకోసం వర్షపునీరు ఉత్తమమైనది.
3. నీటి ప్రవాహాలు, నీటి వనరులు చుట్టు అధిక నీటిని వినియోగించే వృక్ష సంపదను నియంత్రించడం ద్వారా కొంతమేర మంచి ఫలితాలుంటాయి.
4. అవక్షేపాలను తొలగించడానికి స్థిరంగా ఉండే బేసిన్లను తయారుచేయాలి.

నీటిలో వ్యర్థాలతో సమస్యలు:

జంతువులకు సరఫరా చేసే నీటిలో అనేక విషపూరిత పదార్థాలు లేదా విష

ఆయాన్లు ఉంటాయి. కొన్ని సార్లు ఇవి నీటిలో సహజంగా ఉన్నప్పటికీ తరచుగా ఇవి మానవ కార్యకలాపాలవల్లే పెరుగుతున్నాయి. ఇందులో ముఖ్యమైనవి వ్యర్థాలను నీటివనరుల్లోకి పంపడం. సహజ నీటిలోని విషపూరిత పదార్థాలు సాధారణంగా విషపూరిత స్థాయకంటే తక్కువగా ఉంటాయి. అధిక విషపూరిత స్థాయిలో నీరు ఉందంటే అది మురుగునీరు, బాహ్య కలుషిత పదార్థాలను కలువడం వల్లనే అని అర్థం చేసుకోవాలి. ఇలాంటి నీటిలోని విష పదార్థాలను తొలగించాక లేక పరిమితిస్థాయికి తగ్గించాకనే జంతువుల నీటి సరఫరాకు వినియోగించాలి. సాధారణ విషపదార్థాలలో అనేక అకర్బన మూలకాలు, సేంద్రీయ వ్యర్థాలు, వ్యాధికారక జీవులు, పురుగుమందులు, క్రిమసంహారకాలు మరియు వాటి అవశేషాలుంటాయి. ఇవన్నియు జంతువులకు హానికరమైనవే. నేషనల్ అకాడమీ ఆఫ్ సైన్సెస్ పశువుల తగునీటిలో ఏ మేరకు విషపూరిత, అకర్బన మూలకాలు ఉంటే నీరు సాధారణంగా ఉపయోగించదగిన ఉపరితలం మరియు భూగర్భ జలాలలో కనిపించే మొత్తాలపై ఆధారపడి ఉంటాయి. ఒక జంతువు రోజూ తినే ఆహారం, త్రాగే నీటి పరిమాణం, వాటి బరువును బట్టి ఈ మార్గదర్శకాలు తయారుచేయబడ్డాయి.

### లైవిస్టాక్ త్రాగునీటిలో ఉండాల్సి పదార్థాల మోతాదు

| వ.సం. | మూలకం | అత్యధిక మోతాదు (mg/l) |
|---|---|---|
| 1. | అల్యూమినియం | 5.0 |
| 2. | అర్సెనిక్ | 0.2 |
| 3. | బెరీలియం | 0.1 |
| 4. | బోరాన్ | 5.0 |
| 5. | కాడ్మియం | 0.05 |
| 6. | క్రోమియం | 1.0 |
| 7. | కోబాల్ట్ | 1.0 |
| 8. | కాపర్ | 0.5 |
| 9. | ఫ్లోరైడ్ | 0.1 |
| 10. | ఐరన్ | అవసరం లేదు |
| 11. | లెడ్ | 0.1 |

| | | |
|---|---|---|
| 12. | మాంగనీస్ | 0.05 |
| 13. | మెర్క్యురీ | 0.0 |
| 14. | నైట్రేట్ + నైట్రైట్ ($NO_3$-N+$NO_2$-N) | 100.0 |
| 15. | నైట్రైట్ ($NO_2$-N) | 10.0 |
| 16. | సెలీనియం | 0.05 |
| 17. | కాల్షియం | 0.10 |
| 18. | జింక్ | 24.0 |

నీటి నిర్వహణ సమస్యల సాధారణంగా ఫ్లోరైడ్, ఇనుము, నైట్రేట్ లేదా హైడ్రోజన్ సల్ఫైడ్‌కు సంబంధించినవి. గుర్తించబడిన ప్రాంతాలలో ఫ్లోరైడ్ సమస్యలన్నీ విషపూరితమేవి కావు. దంతాలపై మచ్చలు, ఎముకల సమస్యలకు ఇది కారణమౌతుంది. కాబట్టి పశువుల తాగునీటికి ఫ్లోరైడ్ నీరు ఏకైక వనరుగా ఉన్న ప్రాంతాల్లో భాష్పీభవన ఏకాగ్రతను తగ్గించే ప్రయత్నం చేయాలి. జంతువులను కూడా వేసవి సీజన్లలో ఎక్కువగా బయటకు తిరుగనీయకూడదు. జంతువుల నీటి వినియోగం కోసం తక్కువ ఫ్లోరైడ్ నీటిని నిలుపుకోవడం ఒక ప్రత్యామ్నాయ విధానం, జంతువులు తినే పశుగ్రాసాన్ని ఇదే విషపూరిత నీటిని అందించి పెంచితే విషపూరిత సమస్యలు మరింతగా పెరుగుతాయి. మొక్కలు అవణాలను తీసుకుంటాయి తద్వారా ఫీడ్ మరియు నీటివనరులు రెండూ క్లిష్టమైన స్థాయిలను దాటినప్పుడు జంతువులకు విషపూరిత ప్రమాదం పెరుగుతుంది. సెలీనియం వంటి మూలకంతో ఈ సమస్య మరింతగా ఉంటుంది. నైట్రేట్‌లు లేదా నైట్రైట్‌ల ద్వారా పశువులపై విషప్రయోగం మార్గదర్శక విలువల కంటే తక్కువ స్థాయిలో ఉండకూడదు. అధిక నైట్రేట్ స్థాయి నీరు త్రాగే ప్రదేశాలలో ఆల్గే మొక్కల భారీ పెరుగుదలకు కారణం కావొచ్చు. భారీ ఆల్గే పెరుగుదల మరియు పశువుల మరణాల మధ్య ప్రత్యక్ష సంబంధం లేనప్పటికీ, నైట్రేట్‌ల అధికస్థాయిల వల్ల ఆల్గే మొక్కల ఆకస్మిక కుల్లు, బొటులిజం అభివృద్ధికి అనుకూలమైన పరిస్థితుల అవకాశం ఉందని పరిశోధకులంటున్నారు.

బొటూలిజం అనేది 'క్లోస్ట్రిడియం బోటులినమ్' అనే పిలువబడే బ్యాక్టీరియా నుండి విషపదార్థాల వల్ల కలిగే అరుదైన తీవ్ర పరిస్థితి బ్లూ-గ్రీన్ ఆల్గేలో కూడా

విషపూరిత పదార్థాలుండే అవకాశం ఉంది కాబట్టి ఈ మొక్కలు భారీ పెరుగుతున్న ప్రాంతాలలో జంతువుల నీటి సేవనం గూర్చి తగు జాగ్రత్తలు తీసుకోవాలి. రాగి సల్ఫేట్ 1 mg/l సాంద్రతలలో కూడా ఆల్గే పెరుగుదలను నియంత్రించవచ్చు. కానీ దీనిని ఉపయోగించే ముందు ఒక సమస్యకు పరిష్కారం మరో సమస్యకు ప్రారంభం కావచ్చు. కాబట్టి నిష్ణాతులచే సంరక్షణ పరమైన శాస్త్రీయ సలహాలు తీసుకోవాలి. ఇనుము విషపు పరిమితులు చాలా తక్కువగా ఉంటాయి. నీరు త్రాగే ప్రదేశాలలో నీటి ఇనుము చాలా అరుదుగా ఉంటుంది. గాలిలో ఫెర్రస్ లవణాలు ఆక్సీకరణం చెందుతాయి. అవక్షేపించబడతాయి. అవి జంతువులకు ప్రమాదకరం కావు. జంతువుల తాగునీటిలోని అన్ని భాగాలు విషపూరితమైనవి కావు. కొన్ని నిర్వహణ లోపాల వల్ల సమస్యలొస్తున్నాయి. హైడ్రోజన్ సల్ఫైడ్ నిస్సార భూగర్భజలాలలో ఎక్కువ స్థాయిగ ఉంటుంది. ఇది జంతువులకు హాని కలిగించనప్పటికీ దీని వాసన వాటిని ప్రభావితం చేస్తుంది. నీటి నిలువల్లోకి నీటిని పంపే ముందు, నీటిని స్ప్లాష్‌బోర్డుపైకి పంపిస్తే ఈ సమస్యను అధిగమించవచ్చు.

Source: https://www.theatlantic.com/ -0-0-

## ౩౨. మండే ఎండలు, ముంచే వానలతో మనుగడ ఎలా?

మన శరీరంలో 37.6 డిగ్రీల సెంటీగ్రేడ్ ఉష్ణోగ్రత ఉంటే ఆరోగ్యంగా ఉంటాం. అదే 38 డిగ్రీల సెంటిగ్రేడ్ దాటితే అనారోగ్యం, జ్వరంతో బాధపడతాం. మరి భూమాతకు ఉష్ణోగ్రత పెరిగితే జ్వరం వస్తుంది కదా! అప్పుడు భూమిపై నున్న మనమంతా బాధలు పడాలి. భూ ఉష్ణోగ్రతలు పెరిగితే జీవాలం మనుగడకు చాలా ప్రమాదాలుంటాయని మనమంతా తెలుసుకోవాలి. ప్రతివేసవిలో పెరిగే ఎండలతో, అవసరం లేకున్నా కురిసే వానలతో చాలా సమస్యలొస్తున్నాయి. వరదలు, అడవుల ఆహుతులు, మాడిపోతున్న జీవవైవిధ్యం ఇలా ప్రకృతి సమతుల్యం దెబ్బతింటున్నది.

**వాతావరణ మార్పులపై అంతర ప్రభుత్వాల కమిటీ (ఇంటర్ గవర్నమెంటల్ పానెల్ ఆన్ క్లైమేట్ చేంజ్) ఏమిటుందంటే? :**

భూతాపం పెరగడం వల్ల వాతావరణంలో ఊహించని గందరగోళాలు జరుగుతున్నాయి. దిద్దుబాటు చర్యలు తీసుకోకపోతే ప్రకృతి బీభత్సాలు తరచుగా సంభవిస్తాయి. గతంలో మనం చూసిన అనావృష్టి, అతివృష్టికి కారణం వివిధ పనుల వల్ల ఉత్పత్తి అవుతున్న హరిత గృహ వాయువులకీ పర్యావరణం నుంచీ తొలగించాల్సిన వాయువులకీ మధ్య సమతుల్యం సాధించడం (నెట్ జీరో ఎకానమీ) కోసం ప్రపంచదేశాలు తీవ్రంగా కృషిచేయడం లేదు. ఆ దిశగా తక్షణమే చర్యలు చేపట్టాలని హెచ్చరిస్తోంది.

ఐపీసీసీని 1988లో ఐక్యరాజ్య సమితికి చెందిన ఎన్విరాన్‌మెంట్ ప్రోగ్రాం, వరల్డ్ మెటియొరాలాజికల్ ఆర్గనైజేషన్ కలిసి దీన్ని ప్రారంభించాయి. వివిధ దేశాలకు, రంగాలకు ముఖ్యంగా పర్యావరణ రంగానికి చెందిన నిపుణులు పరిశోధనలు, అధ్యయనాలు చేసి ప్రపంచవ్యాప్త పరిణామాలపై సమాచారాన్ని సేకరించి ఐపీసీసీకిస్తారు. ఇందులో 195 దేశాలు సభ్యులుగా ఉన్నాయి. సభ్యదేశాల ప్రభుత్వాలు ఈ సంస్థకు నిధులు సమకూర్చుతాయి. ఈ నిపుణులిచ్చిన శాస్త్రీయ అధ్యయనాలు, విశ్లేషణలాధారంగా ఐపీసీసీ నివేదికలు రూపొందించి ప్రపంచ సంక్షేమానికి కృషి చేస్తుంది. ఐపీసీసీ చేసే సేవలకు గుర్తింపుగా 2007లో ఈసంస్థకు నోబెల్ శాంతి బహుమతి వచ్చింది.

భూ ఉష్ణోగ్రతల పెరుగుదల ఎందుకు?:

భూతాపం క్రమంగా పెరుగుతోందని 200 సంవత్సరాల క్రితమే 'జీన్ బాప్టిస్ట్ జోసెఫ్ ఫోలియర్' అనే ఫ్రెంచి గణిత శాస్త్రవేత్త గుర్తించాడు. 100 సంవత్సరాల క్రితమే భూఉష్ణోగ్రతల పెరుగుదలకు హరితగృహ వాయువులే కారణం అని తెలుసుకున్నారు. పారిశ్రామిక విప్లవానంతరం, పరిశ్రమల రంగం, రవాణారంగంలో బొగ్గు, పెట్రోల్ వాడకం విపరీతంగా పెరగడం వల్ల కర్బన కాలుష్యం పెరిగింది. ఇదే భూతాపాన్ని పెంచింది.

గతి తప్పుతున్న రుతుపవనాల వల్ల ఇక్కట్లు కలుగుతున్నాయి. జులై నెలలో వర్షాలు ఎక్కువగా కురుస్తాయి. కానీ దేశ రాజధాని ఢిల్లీ మరియు ఉత్తరాది ప్రాంతాలు తీవ్ర ఎండలను చవిచూస్తాయి. వాతావరణ ఉష్ణోగ్రతలకు సంబంధించి గడచిన నాలుగు దశాబ్దాలలో ప్రతి ఖండంలో ఏదో ఒక చోట గరిష్ట ఉష్ణోగ్రతలు నమోదయ్యాయి. వీటి ధాటిని తట్టుకోలేక ప్రాణనష్టం జరిగింది. సైబీరియా లాంటి అతిశీతల ప్రాంతాలలో సైతం వేడిగాలులు వీస్తున్నాయి. డ్యాములు బీటలు వారుతున్నాయి. కరువు తాండవిస్తున్నది. గత రెండేళ్లుగా ప్రపంచంలో ఏదో ఒక పక్కన కార్చిచ్చును చూస్తున్నాం. ఆస్ట్రేలియా, అమెజాన్, కాలిఫోర్నియా, టర్కీ, గ్రీసు, ఇటలీ, స్పెయిన్ ఇలాంటి ప్రాంతాలలో నెలల తరబడి అడవులు తగలబడుతున్నాయి.

సముద్రమట్టాలు ఎందుకు పెరుగుతున్నాయి?:

భూమి మీద వెలువడే గ్రీన్‌హౌస్ వాయువుల్లో 85 శాతాన్ని సముద్రాలు గ్రహిస్తాయి. కాబట్టి మరోపక్క నుంచి అవీ వేడెక్కిపోతుంటాయి. దీనికితోడు కార్చిచ్చు వేడివల్ల మరోపక్క మంచు కరుగుతున్నది. ఇది సముద్రమట్టాలు పెరిగేందుకు దోహదమవుతున్నది. 2015 తర్వాత గత కొన్ని సంవత్సరాలలో ఏటా మూడొందల గిగా టన్నుల మంచు కరిగిపోతున్నది. ఒక గిగాటన్ను వందకోట్ల మెట్రిక్ టన్నులకు సమానం. గత రెండు దశాబ్దాలలో 50 వేల గిగాటన్నుల మంచు కరిగినట్లు అంచనా. గుగూల్, యూరోపియన్ యూనియన్‌లకు చెందిన కోపర్నికస్ ప్రాజెక్టు, నాసాలాంటి సంస్థలు భూగోళం పై వస్తున్న మార్పులను ఉపగ్రహాల ద్వారా వీక్షిస్తూ పలు అధ్యయనాలు చేసారు. గత 120 ఏళ్లుగా కరుగుతున్న మంచు వల్ల సముద్ర నీటి మట్టాలు ఇప్పటికీ ఎనిమిది అంగుళాలు పెరిగినట్లు తేల్చారు. భూమిని ఎండ తీవ్రత

నుంచి కాపాడేవి హిమనదాలు. ఇదే లేకపోతే సూర్యుని వేడినంతా భూమి పీల్చుకొని ఇంకా తీవ్ర పరిస్థితులనెదుర్కొనేది.

**ప్రాణాధారమైన వానలు ఎందుకు వణికిస్తున్నాయి ?:**

భారత్ వ్యవసాయాధారిత దేశం. మనకు వాన ప్రాణాధారం. నేలను నమ్ముకుని బతికే మనుషులకు అవసరానికి పడే వానే వరం. ఒకప్పుడు రుతుపవనాలు వేళకు వచ్చేది. ప్రజలు అవసరం తీర్చి వెళ్లేవి. వాటికి అనుగుణంగా ప్రజల జీవన విధానం ఉండేది. తరతరాలుగా మానవ మనుగడకు ఆలంబనగా నిలుస్తూ వచ్చే రుతుపవనాలు ఇప్పుడు గతితప్పుతున్నాయి. ఆలస్యంగా రావడం, అంతంతమాత్రంగా విస్తరించడం ఆనవాయితిగా మారింది. సమయానికి వచ్చిన కుండపోతలతో వానలతో ప్రజలు భీతిల్లే పరిస్థితులుంటున్నాయి. గ్లోబల్ వార్మింగ్ రుతుపవనాలను ప్రమాదకరంగా మార్చుతున్నది. దానివల్లే రుతుపవనాల వర్షపాతం పెరుగుతున్నది. ఇవి ఆకస్మిక, భారీ వర్షాలకు దారితీస్తున్నాయి. భూమ్మీద ఉష్ణోగ్రతలు ఒక సెంటీగ్రేడ్ పెరిగితే వర్షాలు ఐదుశాతం పెరుగుతాయని శాస్త్రీయ అధ్యయనాలు చెబుతున్నాయి. ఒక పద్ధతి ప్రకారం సాగాల్సిన ఆరు రుతువుల విధానం గతితప్పడం వల్ల వాతావరణ వైపరీత్యాలు సర్వసాధారణమయ్యాయి.

**వాతావరణ వైపరీత్యాల వల్ల తీవ్ర నష్టం?:**

భూతాపం పెరగడం వల్ల ప్రకృతి వైపరీత్యాలు 1970-2005 మధ్య మూడున్నర దశాబ్దాలలో 250 సార్లు సంభవిస్తే కేవలం 2005-2019 మధ్య దశాబ్దన్నర కాలంలో 310 సార్లు సంభవించాయి. దీనితో తీవ్ర ఆస్తి నష్టం, ప్రాణనష్టం జరిగింది. ఎండలు పెరిగితే ఎడారులు పెరుగుతాయి. నీటివనరులు తగ్గి పంటలు పండవు. ఆహారభద్రత ప్రమాదంలో పడుతుంది. జల విద్యుదుత్పత్తి తగ్గిపోవడం వల్ల వ్యాపార, పారిశ్రామిక, సేవారంగాలు నష్టపోతాయి. విషజ్వరాలూ, అంటువ్యాధులు పెరుగుతాయి. తాగునీరు, పీల్చే గాలి కలుషితమై, నాడీ, గుండె, శ్వాస సంబంధ వ్యాధులు, ఇన్ఫెక్షన్లు పెరుగుతాయి. మనం మండే ఎండల్ని ముంచే వానల్ని మాత్రమే చూస్తున్నాం. కొన్ని దేశాలు భయంకర తుఫానుల్ని, మరికొన్ని దేశాలు భూకంపాల్ని చూస్తున్నాయి. ప్రస్తుతం తీసుకుంటున్న చర్యలు ఇలాగే కొనసాగబడితే 2100

సంవత్సరం నాటికి భూతాపం 3 డిగ్రీల పెరుగుతుందని అంచనా. పైన మాట్లాడుకున్న ప్రకృతి వైపరీత్యాలు కేవలం ఒక్క డిగ్రీ ఉష్ణోగ్రత పెరిగితే సంభవించినవి. మరి అదే మూడు డిగ్రీలు దాటితే మానవజాతి మనుగడ సాగించగలదా?

**ఈ పరిస్థితులలో మన కర్తవ్యాలేంటి? :**

వాతావరణ మార్పుల ప్రభావ తీవ్రతను అంచనావేసే 'క్లైమేట్ రిస్క్' సూచీలో ప్రస్తుతానికి మనదేశం ఏడోస్థానంలో ఉంది. ఇక్కడ సగటు ఉష్ణోగ్రత 0.7 సెంటిగ్రేడ్ పెరగ్గా ఇప్పుడున్న పరిస్థితి ఇలానే కొనసాగిస్తే వచ్చే అరవై ఏండ్లలోనే అది రెండు డిగ్రీలు దాటుతుందని అధ్యయనాలు చాటుతున్నాయి. ఇప్పటికే ఒక డిగ్రీకి పైగా పెరిగిన భూతాపాన్ని ఒకటిన్నర డిగ్రీలకు మించకుండా చూడాలన్నది ఇప్పుడు మనముందున్న ముఖ్యమైన సవాలు అందుకోసం.

- వీలైనంత మేర చెట్లను నాటి పెంచాలి.
- ప్రజారవాణాకు ప్రాముఖ్యత ఇవ్వాలి.
- కరెంట్ వృథా తగ్గించాలి.
- నీటిని పొదుపుగా వాడాలి.
- మళ్లీ మళ్లీ వాడుకోవడానికి పనికొచ్చే వస్తువులను కొనుక్కోవాలి.

అవసరానికన్నా ఎక్కువైనవేవైనా భూమికి భారమే అనే స్పృహతో మెలగాలి. అప్పుడే భూగోళం మన ఇంటిని భావితరాలకు భద్రంగా అందించగలుగుతాము.

Source: https://www.pnas.org/ -0-0-

## 33. చిత్తడి నేలలతో ఉపరితల, భూగర్భ జలరక్షణ

చిత్తడి నేలలు అనేవి శాశ్వతంగా లేదా కాలానుగుణంగా నీటి నిలువల భూభాగాలు. ఇందులో చెరువులు, సరస్సులు, ఫెన్‌లు, నదులు, వరద మైదానాలు ఉన్నాయి. తీరప్రాంత చిత్తడి నేలల్లో ఉప్పు నీటి నేలలు, ఎస్ట్యూరీలు, మడ అడవులు, మడుగులు, పగడపు దిబ్బలుంటాయి. చేపల చెరువులు, వరి పంటలు మరియు ఉప్పు పంటలు మానవ నిర్మిత చిత్తడి నేలలుగా పరిగణిస్తారు. మానవ సంస్కృతి సింధు, గంగా, కృష్ణా, గోదావరి నదీతీరాల్లో విలసిల్లింది. కోల్‌కతా, ముంబయి, చెన్నై, టోక్యో, న్యూయార్క్ వంటి మహానగరాలు జలవనరుల ఆధారముగా ఎదిగినవే. అన్ని దిక్కులనుండి అక్కడికి ప్రజలను ఆకర్షించడానికి మూలము చిత్తడినేలలే. నదులు, సముద్రాలు, ఎడారులు, కొండలు, పీఠభూములు, అడవులు, బీడుభూములు, సతతహరితారణ్యాలు, మంచుకొండలు లాంటి అనేక రకాల భూమి ఉపరితల రూపాలు కలిస్తేనే అది సమగ్రమైన పర్యావరణం. ప్రకృతిలో ప్రతీ భౌగోళిక రూపానాకి ప్రాధాన్యం ఉంది. కానీ గత రెండు శతాబ్దాలుగా ఎడారుల విస్తరణ, సముద్రమట్టాల పెరుగుదల ఆందోళన కలిగిస్తున్నాయి. చిత్తడి నేలల విస్తీర్ణం తగ్గడం మరో ప్రమాదాన్ని సూచిస్తున్నది. చిత్తడినేలలు భూగోళం మరియు జల వ్యవస్థల మధ్య పరివర్తన చెందుతున్న భూములు ఇక్కడ నీటి మట్టాలు సాధారణంగా ఉపరితలం వద్ద లేదా సమీపంలో ఉంటాయి. ఒక్కోసారి ఈ భూమి నిస్సార నీటితో కప్పబడి ఉంటుంది. వీటిలో ప్రధానంగా హైడ్రోఫైట్‌లు ఎక్కువగా పెరుగుతాయి.

### చిత్తడినేలల అవసరం ఏమిటి :

కాలుష్య కారకాలలో మట్టిరేణువులు, ఎరువులు, పురుగుమందులు కార్లు మరియు ట్రక్కులు ఇతర రవాణా సాధనాల నుండి వచ్చే గ్రీజు మరియు నూనె లాంటివి ఉంటాయి. చిత్తడినేలలు ఉపరితల నీటి నుండి కాలుష్య కారకాలను తొలగించడం ద్వారా నీటి నాణ్యతను మెరుగుపరుస్తాయి. అవక్షేపం ట్రాపింగ్ మరియు రసాయన నిర్విషీకరణకు చిత్తడి నేలలు బాగా కృషిచేస్తాయి. ఉపరితల ప్రవాహం నుండి నీరు చిత్తడి నేలలోకి ప్రవేశించినపుడు, నీరు దట్టమైన వృక్షసంపద గుండా ప్రవహిస్తుంది. ఇలా ప్రవాహ వేగం తగ్గుతుంది. ఇంకా నీటిలో సస్పెండ్ చేయబడిన పదార్థం చిత్తడినేల ఉపరితలంపై స్థిరపడుతుంది. చిత్తడి మొక్కల

మూలాలు పేరుకుపోయిన అవక్షేపాలను బంధిస్తాయి. నీరు తడి భూముల గుండా వెలితే ప్రవాహంలో ఉన్న 90 శాతం అవక్షేపాలను తొలగించవచ్చు. అలాగే భారీలోహాలు వంటి కాలుష్య కారకాలు నేల రేణువులతో కలిసిపోయినందున, చిత్తడి నేలల్లో అవక్షేపాలు స్థిరపడడం మూలాన నీటి నాణ్యాత మరింతగా మెరుగుపడుతుంది. వ్యవసాయ మరియు పచ్చిక ఎరువులు, పెంపుడు జంతువుల వ్యర్థాలు, మురుగు సెప్టిక్ వ్యవస్థలు మరియు ఇతర వనరుల నుండి నైట్రోజన్ మరియు భాస్వరం సహజ నీటి వనరులలో మొక్కల ఎరువులుగా పనిచేస్తాయి. అలాగే మొక్కల, ఆల్గే మరియు సైనోబాక్టీరియా పెరుగుదలను ప్రేరేపిస్తాయి. ఈ పెరుగుదల విషరసాయనాలను ఉత్పత్తి చేయడమే కాకుండా సహజ వృక్షసంపదను, వన్య ప్రాణులను ఇబ్బందులపాలు చేస్తుంది.

ప్రపంచ ఆర్థిక వ్యవస్థలో చిత్తడినేలల భాగస్వామ్యం US$ 47 ట్రిలియన్లుగా ఉన్నది. 100 కోట్ల మంది ప్రజలు తమ ఆదాయం కోసం చిత్తడి నేలల మీద ఆధారపడుతున్నారు. ప్రపంచ వ్యాప్తంగా 40 శాతం జీవరాశులు చిత్తడినేలల్లో మనుగడ సాగిస్తున్నాయి. 200 రకాల చేపజాతులు మంచినీటి చిత్తడినేలల్లో కనుగొనబడుతున్నాయి. 1.5 మిలియన్ గాలన్ల వరదనీటిని చిత్తడి నేలలు తమలో ఇముడ్చుకుంటున్నాయి. సాధారణ అడవుల కంటే రెండింతల కార్బన్‌ను క్రమబద్ధీకరిస్తూ చిత్తడి నేలలు వాతావరణానికి దోహదం చేస్తాయి.

నీటి ప్రవాహం నీటి వనరులలోకి ప్రవేశించే ముందు చిత్తడినేలల గుండా వెలుతున్నపుడు, ఈ పోషకాలను చిత్తడి నేలలు తీసుకుంటాయి. అవి తక్కువ హానికరమైన రసాయన రూపాల్లో పేరుకుపోతాయి. చిత్తడి మొక్కలు చనిపోయి క్షీణించినపుడు, చిత్తడి నేలల్లో పోషకాలు రీసైకిల్ చేయబడతాయి. చిత్తడినేలలు నీటి నుండి అదనపు పోషకాలను తొలగిస్తాయి. అందుకే మున్సిపాలిటీల ఆధ్వర్యంలో మురుగునీటి శుద్ధ కర్మాగారాల నుండి వ్యర్థాలను శుద్ధి చేసేందుకు ప్రత్యేకంగా చిత్తడి నేలలను నిర్మిస్తారు. ఎందుకంటే సహజ చిత్తడి నేలలు ఈ ప్రయోజనం కోసం సరిపోవు. ప్రతి చిత్తడినేలకు సహజంగా రసాయన ప్రక్రియలను విచ్ఛిన్నం చేసేందుకు కొంతమేర పరిమితి ఉంటుంది. ప్రవాహంలో చిత్తడినేలల్లోకి తీసుకువెళ్లే కొన్ని విషరసాయనాలు నేల కణాలతో పాటు చిక్కుకుంటాయి. ఈ కాలుష్య కారకాలలో కొన్ని అవక్షేపాలలో నిర్వీర్యం చేయబడతాయి. మరికొన్ని జీవప్రక్రియల

ద్వారా లేదా ఎక్కువకాలం సూర్యకాంతికి గురికావడం ద్వారా తక్కువ హానికరమైన రసాయనరూపాలుగా మార్చబడతాయి. ఇంకా ఇతర కాలుష్య కారకాలను మొక్కలు తీసుకుంటాయి. కొన్ని మంచినీటి చిత్తడినేలలు భూగర్భజలాశయంలోకి ఉపరితల నీటిని ప్రవేశింపజేస్తాయి. తద్వారా భూగర్భ జలాల సరఫరా రీచార్జి అవుతుంది. చిత్తడినేలలు తరచుగా భూగర్భజలాలను భూమి యొక్క ఉపరితలంపైకి తీసుకొస్తాయి. ఉదాహరణకు నీటి బుగ్గలు ఇలాంటివే. ఇలా విడుదలైన భూగర్భజలాలు స్థానిక తాగునీటి వనరుగా ఉపయోగించబడతాయి. ఇంకా పొడి వేసవి నెలల్లో నీటి ప్రవాహంలోగాని, నీటి ప్రవాహాల దగ్గరగా గాని నివసించే చేపలు, జంతువులు, మొక్కలు మరియు ఇతర జీవుల కోసం నీటి నిలువలుగా చిత్తడినేలలు ఉపయోగపడతాయి.

**చిత్తడి నేలలను సంరక్షించుకోవడం మనందరి బాధ్యత :**

నీరు లేనిదే చిత్తడినేలలు లేవు. అవి లేనిదే మంచినీరు జలసంపద, వీటిపై ఆధారపడి జీవనం సాగించే వారి మనుగడ ఉండదు. ఈ చిత్తడి నేలలు మంచినీటితో పాటు, ఉప్పునీటిలో కూడా ఉంటాయి. వీటి ప్రకృతి జీవావరణము చాలా విలువైనది. ప్రత్యేకమైనది. ఇది నాశనమైతే పునఃనిర్మాణం చేయలేము. అందుకు వీటిని మనం సంరక్షించుకోవాలి.

- చిత్తడినేలలతో జలాల రక్షణ బాగా జరుగుతుంది. బావులు, ఇతర నీటి వనరులను, చిత్తడి నేలలు రీచార్జి చేస్తాయి. అంతర్లీనంగా ఉన్న లేదా ప్రక్కనే ఉన్న భూగర్భజలాలను రీచార్జ్ చేసి ఉపరితల జలాల్లో కలుషితల స్థాయిని తగ్గిస్తాయి. ఉపరితల జలాల సక్రమ ప్రవాహానికి చిత్తడి నేలలు దోహదం చేస్తాయి. రసాయన చర్యల ద్వారా, అవక్షేపాలను తొలగించడం, సేంద్రీయ పదార్థాలను అవసరాన్ని బట్టి నిలుపుకోవడం లేదా తొలగించడం ద్వారా భూక్షయాన్ని మరియు మురికినీటి ప్రవాహం యొక్క ప్రతికూల నీటి నాణ్యత ప్రభావాలను నియంత్రించి నీటి నాణ్యతను మెరుగుపరుస్తాయి. ఆయా ప్రాంతాలలో వదలబడిన కాలుష్యకారకాలను గ్రహించి నీటి నాణ్యత రక్షణకు దోహదం చేస్తాయి.
- చిత్తడినేలలు మంచినీటిని దాచే, లభ్యపరిచే భాండాగారాలు సహజసిద్ధంగా ఇవి నీటిని కాలుష్య రహితం చేసి అందులో నివసించే జీవరాశులకు

అందిస్తాయి. ఒక ఆవరణ వ్యవస్థను ఏర్పరచి, జీవావరణానికి అనుగుణమైన పరిస్థితిని కల్పిస్తాయి. అనేక వందల రకాల మొక్కలు, జంతువులకు మెరుగైన ఆశ్రయాన్నిస్తాయి.

* ఈ ఆవరణ వ్యవస్థలోకి నీటిని తెచ్చే నదులు, కాలువలు, నీరు కలిగిన ఆ ప్రదేశములు వరి వంటి వ్యవసాయంతోపాటు మత్స్యసంపదకు తోడౌతాయి. అలా పౌష్టికాహారాన్ని మనకు సమకూరుస్తూ మన ఆర్థికాభివృద్ధికి తోడ్పడుతాయి.

* చిత్తడినేలలో 40% పైగా మంచినీటి చేపలు పెరిగి తమ సంతానాన్ని వృద్ధి చేసుకుంటాయి. అలాగే కొన్ని సముద్రచేపలు ఇక్కడకొచ్చి సంతానోత్పత్తి చేసుకుంటాయి. సాలీనా 200 మంచినీటి చేపల జాతులను గుర్తించగలిగే జీవవైవిధ్యాన్ని పెంపొందిస్తున్నాయి. అలా చేపలు, రొయ్యలు వంటి అనేక నీటిజాతులకు గుడ్లు పెట్టేందుకు, పిల్లలు ఎదిగేందుకు సౌకర్యం కల్పిస్తాయి.

* చిత్తడినేలలు మనల్ని వరదలు, తుఫాన్లు, సునామీలనుండి పంటలను, గ్రామాలను, పట్టణాలను కాపాడడమేగాక భూమిలోపల నీటి నిలువను పెంచుతూ అడవుల కన్నా రెట్టింపు కర్బనాన్ని దాని ఉపరితలం వేడెక్కకుండా చేస్తాయి. సముద్రతీరంలో ఉన్న చిత్తడినేలలు అలల తాకిడికి ఆ ప్రాంతం దెబ్బతినకుండా రక్షిస్తాయి. నదుల ప్రాంతాలలో ఉన్న చిత్తడినేలలు వరదముంపు నుండి రక్షిస్తాయి.

అందుకే చిత్తడినేలలు సంరక్షించేలా, భావితరాల వారికి జీవనాధారం ఉండేలా ప్రభుత్వాలు, పాలకులు, పౌరసమాజం కృషిచేయాలి.

Wetlands support a rich food web, from microscopic algae and dragonfly larvae to alligators, and black bears.

Mark Sharp

Source: https://en.wikipedia.org/wiki/ -0-0-

## 34. సముద్రాలలో ప్లాస్టిక్ అవశేషాలు

ప్లాస్టిక్ అనేది పెట్రోలియం నుండి తయారైన సింథటిక్ సేంద్రీయపాలిమర్. ప్యాకింగ్ పరిశ్రమ, భవన నిర్మాణ పరిశ్రమ, గృహక్రీడా పరికరాలు వాహనాలు ఎలక్ట్రానిక్స్, వ్యవసాయోపకరణాలు ఇలా ఎన్నో ఉత్పత్తుల తయారీలో ప్లాస్టిక్ ముఖ్యభూమిక పోషిస్తుంది. ఇది చౌకగా లభిస్తుంది. తేలికగా, బలంగా ఉంటుంది. ప్రతీ సంవత్సరం 300 బిలియన్ టన్నులకు పైగా ప్లాస్టిక్ ఉత్పత్తి చేస్తున్నారు. అందులో షాపింగ్ బ్యాగులు, కప్పులు, స్ట్రాలవంటి సింగిల్ యూజ్ ఐటమ్‌లే ఎక్కువగా ప్రతీ సంవత్సరం కనీసం 8 మిలియన్ టన్నుల ప్లాస్టిక్ సముద్రాలలోకి చేరవేయబడుతున్నది. ఉపరితల జలాల నుండి లోతైన సముద్ర అవక్షేపాల వరకు సముద్ర శిథిలాలలో వ్యర్థ ప్లాస్టిక్ 80% ఉంటుంది.

సముద్రాలలో మైక్రోప్లాస్టిక్ అవశేషాలు రోజురోజుకు మరింత ఎక్కువగా పేరుకుపోతున్నాయి. ఆర్కిటిక్ సముద్రంలో ఏర్పడిన మంచుపొరల్లో శాస్త్రవేత్తలు గతంలో కంటే రెండు మూడు రెట్లు అధికంగా ప్లాస్టిక్ పేరుకుపోయినట్లు వారు గుర్తించారు. ఈ మంచు కరిగినపుడు అందులోని ప్లాస్టిక్ తిరిగి నీటిలో కలిసిపోయి సముద్రజీవజాలంపై దుష్ప్రభావం చూపిస్తుంది. శాస్త్రవేత్తల పరిశోధనలల్లో మొత్తం 17 రకాల ప్లాస్టిక్ అవశేషాలు బయటపడ్డాయి. ఈ మైక్రో ప్లాస్టిక్ అవశేషాలు 5 మి.మీ. పొడవుండి ఆహారంతోపాటు సముద్రజీవుల పొట్టలోకి సులభంగా చేరిపోతాయి. పెద్ద సైజు ప్లాస్టిక్ వ్యర్థాలను పగులగొట్టి సముద్రంలో పారేయడంతో పాటు పరిశ్రమల నుంచే ప్లాస్టిక్ వ్యర్థాలు, ఆరోగ్య సౌందర్య సాధనాలు, ఫార్మాసూటికల్స్, ఆసుపత్రుల నుండి వచ్చే ప్లాస్టిక్ వ్యర్థాలు పెద్ద మొత్తంలో ప్లాస్టిక్ అవశేషాలుగా సముద్రంలో కలుస్తున్నాయి. 2014 వసంత రుతువులో, 2015 వేసవికాలాల్లో ఆర్కిటిక్‌లోని మంచుగడ్డలను సేకరించి ప్లాస్టిక్ అవశేషాల గూర్చిన ఖచ్చితమైన ఆధారాల కోసం అధ్యయనాలు జరిపారు. ఒక లీటరు మంచులో 12000 అవశేషాలను గుర్తించి ఇవి మనిషి వెంట్రుక వ్యాసంలో 1/6 వంతు ఉన్నట్లు కనుగొన్నారు. సముద్రపు మంచు పొరల్లో మొత్తం 17 రకాల ప్లాస్టిక్ అవశేషాలను పరిశోధకులు గుర్తించారు. వీటిలో పాలిథీన్ సంచులు, పాలిప్రొపైలీన్ పెయింట్లు, నైలాన్, పాలిస్టర్, సిగరెట్ల పీకల తయారీలో వాడే సెల్యులోస్ అసిటేట్ అవశేషాలున్నట్లు తెలిపారు. మైక్రోప్లాస్టిక్ అవశేషాలున్న మంచుపొరలు సముద్రంలోని వివిధ ప్రాంతాలకు రవాణా అవుతాయి.

వాతావరణ మార్పుల వల్ల మంచుపొరల కరగడంతో ఆ ప్లాస్టిక్ అవశేషాలు సముద్ర వాతావరణంలో కలిసిపోతాయి. ప్రపంచంలోని సముద్ర ఉపరితల నీటిలో అంతటా మైక్రోప్లాస్టిక్ అవశేషాలు వ్యాపించి ఉన్నాయి. ఇందుకు ఏ ప్రాంతము మినహాయింపు కాదు. ప్రపంచవ్యాప్తంగా ఏటా 80 లక్షల టన్నుల ప్లాస్టిక్ సముద్రంలో కలుస్తోందని, అలా సముద్రంలో కలిశాక, మైక్రోప్లాస్టిక్ అవశేషాలు సుదూరంలోని పోలార్ ప్రాంతానికి సముద్రం అట్టడుగు చేరుతున్నాయని అధ్యయనాలు చెబుతున్నాయి. ప్రముఖ పర్యాటక ప్రదేశాలు మరియు జనసాంద్రత ఉన్న ప్రాంతాల దగ్గర ప్లాస్టిక్ మరింత ఎక్కువగా వినియోగంలో ఉంది. మెరైన్ ప్లాస్టిక్ అవశేషాలు ప్రధానంగా పట్టణ, ప్రజల బీచ్ సందర్శకులు వేసే వ్యర్థాలు, తుఫాను, మురుగుకాలువల వ్యర్థాలు, పారిశ్రామిక భవన నిర్మాణ వ్యర్థాలు, అక్రమ డంపింగ్‌గా చెప్పుకోవచ్చు. మహాసముద్ర ఆధారిత ప్లాస్టిక్ ప్రధానంగా ఫిషింగ్ పరిశ్రమ, ఆక్వాకల్చర్ మరియు నాటికల్ కార్యకలాపాల నుండి సౌర అల్ట్రావాయిలెట్ రేడియేషన్, గాలి, ప్రవాహాలు మరియు ఇతర సహజ కారకాల ప్రభావాల వల్ల ప్లాస్టిక్ శకలాలు చిన్న కణాలుగా, అంటే 5 మి.మీ. కంటే చిన్న కణాలుగా ఉండే మైక్రోప్లాస్టిక్స్ లేదా 100 నానో మీటర్ల కంటే తక్కువగా ఉండే నానోప్లాస్టిక్‌గా విడగొట్టబడుతాయి.

**ప్లాస్టిక్ కాలుష్యం సముద్ర పర్యావరణాన్ని ప్రభావితం చేసే సమస్య :**

ఇది సముద్ర ఆరోగ్యం, ఆహార భద్రత, నాణ్యత, మానవాళి ఆరోగ్యం, తీరపర్యాటకం మరియు వాతావరణ మార్పులకు దోహదం చేస్తుంది. సముద్ర జాతులైన పక్షులు, తిమింగలాలు, చేపలు, తాబేళ్లు ప్లాస్టిక్ ఆహారం అని భ్రమపడి తిని గాయాలు, ఇన్‌ఫెక్షన్లు, ఈత సామర్థ్యం తగ్గడం లాంటి సమస్యలతో బాధపడతాయి. అలా చనిపోతాయి కూడా. ఫ్లోటింగ్ ప్లాస్టిక్స్ పర్యావరణ వ్యవస్థలకు అంతరాయం కలిగించే ఇన్వాసిస్ సముద్ర జీవులు, బ్యాక్టీరియా వ్యాప్తికి దోహదం చేస్తాయి. ప్లాస్టిక్ అవశేషాలు, ప్లాస్టిక్ పదార్థాల ఉత్పత్తిలో ఉపయోగించే అనేక రసాయనాలు, కారకాలు జీవజాలం ఎండోక్రైన్ వ్యవస్థకు అంతరాయం కలిగిస్తాయి. జీవుల అభివృద్ధి, పునరుత్పత్తి, నరాల వ్యాధులు, రోగనిరోధక శక్తి తగ్గడం లాంటి సమస్యలకు కారణమౌతాయి. సముద్ర నీటిలో సుదీర్ఘకాలం ప్లాస్టిక్ అవశేషాలుండడం వల్ల ప్లాస్టిక్ పదార్థాల ఉపరితలంపై విషపూరిత కలుషితాలు పేరుకుపోతాయి. సముద్రజీవులు ప్లాస్టిక్ శిథిలాలను తీసుకున్నప్పుడు, ఈ కలుషితాలు వాటి

జీర్ణవ్యవస్థలోకి ప్రవేశించి, ఫుడ్‌వెబ్‌లోకి పేరుకుపోతాయి. సముద్ర ఆహార పదార్థాలను మానవులు తీసుకుంటే వారికి ఆరోగ్య సమస్యలొస్తాయి. ప్లాస్టిక్ వ్యర్థాలు దహనం చేస్తే, అది కార్బన్ డయాక్సైడ్‌ను వాతావరణంలోకి విడుదల చేస్తుంది. తద్వారా కార్బన్ ఉద్గారాలు పెరిగి వాతావరణ మార్పు ప్రభావం చూపుతుంది. పర్యాటక రంగంపై ప్రభావం పడుతుంది.

**ఈ సమస్యల పరిష్కారానికి ఏమి చేయవచ్చు :**

సముద్ర పర్యావరణంపై ప్లాస్టిక్ ప్రభావం గురించి ప్రపంచవ్యాప్తంగా ఆందోళనలున్నాయి. UNEP ఆధ్వర్యంలో మరియు జర్మనీలో జరిగిన 2015 G-7 సమ్మిట్‌లో మైక్రోప్లాస్టిక్స్ పై చర్చలు జరిగాయి. సముద్ర కాలుష్యాన్ని పరిష్కరించడానికి అంతర్జాతీయ మరియు జాతీయ స్థాయిలో చట్టపరమైన ప్రయత్నాలు జరిగాయి. 1972 లండన్ కన్వెన్షన్, 1996 లండన్ ప్రోటోకాల్, 1978 మార్పోల్ (MARPOL) లాంటివి ఈ సమస్యకు గుర్తింపు తెచ్చాయి. కానీ పరిమిత ఆర్థిక వనరులు ఇతర సమస్యల వల్ల చట్టాల అమలులో జాప్యం జరుగుతున్నాయి.

ప్లాస్టిక్ పదార్థాల రీసైక్లింగ్ మరియు పునర్వినియోగం వల్ల పర్యావరణ ప్రభావాలను తగ్గించొచ్చు. ప్లాస్టిక్ కాలుష్యం నివారణ మరియు తగ్గింపును వేగవంతం చేసేందుకు చెత్తడబ్బాలు, రీసైక్లింగ్ డబ్బాలను తీర ప్రాంతాలు బీచ్‌లలో ఉంచాలి. గుళికలు, సింథటిక్ వస్త్రాలు మరియు టైర్ల నుండి మైక్రోప్లాస్టిక్స్ వ్యర్థాలను తగ్గించేందుకు ప్రభుత్వాలు, పరిశోధనా సంస్థలు మరియు పరిశ్రమలు సమన్వయంతో ఉత్పత్తులను రీడిజైన్ చేయాలి. ఇందుకోసం ప్లాస్టిక్ ఉత్పత్తుల జీవితచక్రం అంటే ఉత్పత్తి రూపకల్పన, మౌలిక సదుపాయాలు, గృహ వినియోగం వరకు అన్ని స్థాయిలు పరిగణలోకి తీసుకోవాలి. సముద్ర ప్లాస్టిక్ సమస్యను సమర్థవంతంగా పరిష్కరించడానికి, పరిశోధన మరియు ఆవిష్కరణలకు మద్దతివ్వాలి. ప్లాస్టిక్ కాలుష్యం స్థాయి, దాని ప్రభావాల పరిజ్ఞానం గూర్చి విధాన రూపకర్తలు, తయారీదారులు మరియు వినియోగదారులు తగు సాంకేతిక, విధాన పరిష్కారాలకు శాస్త్రీయ ఆధారాలకు కృషిచేయాలి. అలా ప్లాస్టిక్ స్థానంలో కొత్త టెక్నాలజీ, ఉత్పత్తుల భావనలు ప్రారంభమౌతాయి. బయోడిగ్రేడబుల్ ప్లాస్టిక్ తయారీ జీరో వేస్ట్ ఫిలాసఫీకు దారులు ముమ్మరం కావాలి.

-0-0-

## 35. రేడియోధార్మిక వ్యర్థాలతో సముద్ర పర్యావరణానికి తీవ్ర నష్టం

1946 నుండి 1993 వరకు పదమూడు దేశాలు రేడియోధార్మిక వ్యర్థాల డంపింగ్ యార్డ్‌గా సముద్రాలను వాడుకుంటున్నాయి. వివిధ కంటైనర్లలో ఉంచిన ద్రవాలు, ఘనపదార్థాలు, రియాక్టర్ నాళాలు, వాడిన అణు ఇంధనం, దెబ్బతిన్న అణుఇంధనాలను రేడియోధార్మిక వ్యర్థాలుగా చెప్పుకోవచ్చు. లండన్ కన్వెన్షన్, బాసెల్ కన్వెన్షన్ లాంటి అంతర్జాతీయ ఒప్పందాలు సముద్రంలోకి రేడియోధార్మిక వ్యర్థాలను పంపడాన్ని నిషేదించాయి. 'ఓషన్‌ఫ్లోర్ డిస్పోజల్' అంటే రేడియోధార్మిక వ్యర్థాలను సముద్రపు అడుగుభాగానికి చేర్చడం గూర్చి యు.కె., స్వీడన్‌లు అధ్యయనం చేసాయి. కానీ, క్షేత్రస్థాయిలో అమలు పరచలేదు. 1992-94 ఉమ్మడి రష్యన్ నార్వేజియన్ ఎక్స్‌పెడిషన్ నాలుగు డంప్‌సైట్ల నుండి నమూనాలను సేకరించి వ్యర్థ కంటెనర్‌ల సమీపంలో రేడియోన్యూక్లైడ్‌ల స్థాయిలు అధికమొత్తంలో ఉన్నట్లు కనుగొనబడ్డాయి. యు.కె. స్విట్జర్‌లాండ్, బెల్జియం, ఫ్రాన్స్, నెదర్‌లాండ్స్, స్వీడన్, జర్మనీ, ఇటలీలు, నార్త్-ఈస్ట్ అట్లాంటిక్ సముద్రంలోకి రేడియోధార్మికత వ్యర్థాలను పంపుతున్నాయి. యు.ఎస్.ఎ., నార్త్-ఈస్ట్ పసిఫిక్ సముద్రం, నార్త్‌వెస్ట్ అట్లాంటిక్ సముద్రంలోకి అణువ్యర్థాలను పంపుతున్నది. సోవియట్ యూనియన్, జపాన్, రష్యా, కొరియాలు నార్త్-వెస్ట్ పసిఫిక్ సముద్రంలోకి అణువ్యర్థాలను పంపుతున్నాయి.

**జపాన్ పై పొరుగు దేశాల కన్నెర్ర :**

జపాన్ తన ఇష్టారాజ్యంగా పసిఫిక్ మహాసముద్రంలోకి అణువ్యర్థ జలాలను కొన్ని దశాబ్దాలపాటు వదిలే ఆలోచన చేస్తున్నదని దక్షిణ కొరియా, రష్యా, చైనాలంటున్నాయి. 2011లో సంభవించిన భూకంపం వల్ల 'ఫుకుషియా'లోని దైచీ అణువిద్యుత్ కర్మాగారం ధ్వంసమయ్యింది. ఇక్కడ దెబ్బతిన్న రియాక్టర్లలోని ఇంధనపు రాడ్లు ఎక్కువ వేడెక్కకుండా 1.25 మిలియన్ టన్నుల సముద్రపు నీటిని రియాక్టర్లలోకి పంపారు. తరువాత అణువ్యర్థాలతో నిండిన ఈ సముద్రజలాన్ని వేలాదిగా స్టీలు ట్యాంకుల్లో నిల్వ ఉంచారు. 2023 నుంచి కొన్ని దశాబ్దాల పాటు ఈ జలాలను కొంతమేర శుద్ధి చేసి సముద్రంలోకి వదిలిపెడతామని జపాన్ అంటోంది. దీనికి కారణం కొత్తగా మరిన్ని ట్యాంకులు నిర్మించేందుకు సరిపడే స్థలం వారి వద్ద లేదని అంటున్నది. అమెరికా మినహా మిగతాదేశాలు ఈ

ప్రతిపాదనను వ్యతిరేకిస్తున్నాయి. జపాన్‌లోని మత్స్యకారులు, ఎగుమతిదారులు, తీరప్రాంతవాసులు కూడా ఈ ప్రతిపాదనకు అభ్యంతరాలు చెబుతున్నారు. ఎందుకంటే వ్యర్థజలాల్లో అణుధార్మిక పదార్థాలు ట్రీటియం, స్ట్రాంటియం-90, సి-14 వంటి అణువ్యర్థాలు సాగర పర్యావరణ వ్యవస్థతో కలిసి సముద్రజీవుల ప్రాణాలకు ప్రమాదం వాటిల్లజేస్తాయి.

**అంతర్జాతీయ అణుఇంధన సంస్థ (International Atomic Energy Agency) ఏర్పాటు:**

రేడియోధార్మిక వ్యర్థాలను పంపి సముద్రాలను కలుషితం చేయడాన్ని నిరోధించాలి అనే ఒడంబడికను సముద్రచట్టంపై 1958 జెనివా ఐక్యరాజ్యసమితి ఆమోదించింది. ఇది 1962 సెప్టెంబరు 30 నుంచి అమలులోకి వచ్చింది. అవి అంతర్జాతీయ సంస్థలు రూపొందించే ప్రమాణాలు నిబంధనలకు కట్టుబడి ఉండాలి. ఈ తీర్మానం ప్రకారమే అంతర్జాతీయ అణుఇంధన సంస్థ ఏర్పడింది. 1996 నాటి లండన్ ప్రోటోకాల్‌పై చాలా దేశాలు సంతకాలు చేశాయి. దాని ప్రకారం అంతర్జాతీయ అణుఇంధన సంస్థ నిర్దేశించిన ప్రమాణాలకు లోబడినవి మాత్రమే సముద్రాలలోకి వదలాలి.

**ఐక్యరాజ్యసమితి ఒడంబడిక (The United Nations Convention on the Law of the Sea-UNCLOS) :**

దీని ప్రకారం సముద్రాలు మానవజాతి మొత్తానికి చెందుతాయి. ఈ ఒడంబడికపై జపాన్, దక్షిణకొరియా, చైనా, రష్యా సహా 160 దేశాలు సంతకాలు చేశాయి. అమెరికా సంతకం చేయలేదు. ఈ ఒడంబడిక 195వ అధికరణ ప్రకారం ఏ దేశమూ కలుషిత పదార్థాలను సముద్రంలోకి వదలకూడదు. ప్రత్యక్షంగా గానీ, పరోక్షంగా గానీ సముద్ర పర్యావరణానికి నష్టం కలిగించకూడదు. ఈ ఒడంబడికపై సంతకం చేసి కూడా జపాన్ అణువ్యర్థాలను కొంతమేర శుద్ధి చేసి సముద్రంలోకి వదులుతామని అంటోంది. జర్మనీకి చెందిన ఒక సముద్ర పరిశోధన సంస్థ అంచనా ప్రకారం, అణు వ్యర్థాలతో కూడిన జలాలను పసిఫిక్ సముద్రంలోకి వదిలితే రెండు నెలల కాలంలో రేడియోధార్మిక పదార్థాలు సముద్రజీవుల శరీరాలోకి వెళ్లిపోతాయి.

**జీవజాలానికి ముప్పు జరుగకుండా ఎలాంటి జాగ్రత్త తీసుకోవాలి :**

వీలైనంత ఎక్కువగా జలాలను శుద్ధిచేసి వదిలిపెడతామని, ఒక ట్రీటియం తప్ప మరే విధమైన అణువ్యర్థాలు ఈ జలంలో ఉండవని జపాన్ అంటోంది. కానీ సముద్ర పర్యావరణం నాశనం కావడానికి ఈ ట్రిటీయమే ముఖ్యకారకి అని పర్యావరణ వేత్తలంటున్నారు. చేపలు, ఇతర జీవాల్లోకి ట్రీటియం వేగంగా వెల్లుతుంది. వాటిని తిన్న ప్రజల ఆరోగ్యంపై ప్రతికూల ప్రభావం ఉంటుంది. క్యాన్సర్, చర్మసంబంధ వ్యాధులు ప్రబలుతాయి. అందుకే...

- జపాన్ మరింత భూసేకరణ జరిపి, అక్కడ మరిన్ని ట్యాంకులను ఏర్పాటుచేసి వాటిల్లోనే వ్యర్థ జలాలను నిల్వ చేసుకోవాలి.
- అణువిద్యుత్ కర్మాగారాల ఏర్పాటుచేసేటపుడే సమస్త రక్షణ ఏర్పాట్లు చేసుకోవాలి.
- అనుకోని ఉత్పాతాలు సంభవిస్తే ఏమి చేయాలనే విషయాన ఏర్పాట్లు శాస్త్రీయంగా చేసుకోవాలి.

https://insights.globalspec.com/ -0-0-

## 36. పర్యావరణ స్పృహతోనే ధరిత్రికి రక్షణ

(గ్లాస్కో కాప్ 26 సదస్సు ప్రత్యేక వ్యాసం)

Source: https://news.sky.com/

2021 యునైటెడ్ నేషన్స్ వాతావరణ మార్పు సదస్సు లేక కాప్ 26 సదస్సు స్కాట్లాండ్ యూకే లోని గ్లాస్గోలో 31 అక్టోబరు నుండి 12 నవంబరు వరకు నిర్వహించబడింది. ఈ సదస్సును బ్రిటన్ ప్రధాని బోరిస్ జాన్సన్ ప్రారంభిస్తూ పర్యావరణ మార్పులపై వీలైనంత వేగంగా చర్యలు తీసుకోవాలని భూతాపాన్ని 1.5 డిగ్రీల లోపునకు పరిమితం చేయడంలో ప్రపంచనేతలు ఒక ఒప్పందం చేసుకోవడంలో విఫలమైతే భవిష్యత్ తరాలు తీవ్రంగా నష్టపోతాయని అన్నారు.

గత శతాబ్దకాలంలో కొందరు స్వార్థ మానవుల చర్యల వల్ల ప్రకృతికి పూడ్చలేని నష్ట జరిగింది. ప్రపంచదేశాలు, పర్యావరణ శాస్త్రవేత్తలు అంచనా వేసినదానికంటే ఎక్కువగా పర్యావరణం దెబ్బతిన్నది. భూతాపం, వాతావరణ మార్పుల నియంత్రణకు ఇప్పటివరకు పటిష్టమైన చర్యలు తీసుకోలేదు. దీనివల్ల రానున్న శతాబ్దాల్లో జీవవైవిధ్యం దెబ్బతిని కొన్ని రకాల జీవులు అంతరించే పరిస్థితులు రావొచ్చునే హెచ్చరికను వాతావరణ మార్పులపై ఐక్యరాజ్యసమితి నియమించిన అంతర ప్రభుత్వాల కమిటీ (ఐపీసీసీ) చేసింది. ఇటీవల తన ఆరో మదింపు నివేదికను ఐపీసీసీ విడుదల చేస్తూ భూగోళానికి జరుగుతున్న నష్టాన్ని కూలంకషంగా వివరించింది. ఈ అంశాలన్నీ కాప్ 26 సదస్సులో చర్చకొచ్చాయి.

**ఐపీసీసీ ఆరో మదింపు నివేదిక ఏమి చెబుతుందంటే? :**

ఐపీసీసీలో మూడు బృందాలు ఆరో మదింపు నివేదికను తయారుచేస్తున్నాయి.

ఒక బృందం తమ నివేదికను విడుదల చేసింది. 2022లో మిగతా రెండు బృందాలు చేసే పరిశీలనలతో పూర్తిస్థాయి నివేదికను తయారుచేస్తారు. 195 సభ్యదేశాలు ఆరో నివేదికను ఆమోదించాయి. వాతావరణ మార్పులు కార్బన్ ఉద్గారాలు, కరువులు, తుఫానులు, వేడిగాలులు, మంచుకొండలు కరగడం, సముద్రమట్టాలు పెరగడం, ఎడారీకరణ, ప్రాంతీయ పర్యావరణ వ్యవస్థలు ఎలా ఉన్నాయో లాంటి అంశాలను ఈ నివేదికలో వివరించారు. ప్రతి ఏటా పెరుగుతున్న ఉష్ణోగ్రతల గణాంకాలను ఈ నివేదిక సమీక్షించి 2014లో ఐపీసీసీ ఇచ్చిన ఐదవ నివేదికతో పోలిస్తే ప్రపంచ సగటు ఉష్ణోగ్రత 0.3 డిగ్రీలు పెరుగినట్లు ఆరో నివేదిక తెలియజేస్తున్నది. భూతాపాన్ని కట్టడి చేసేందుకు ప్రపంచ దేశాలు 2015లో పారిస్ ఒప్పందం చేసుకున్నాయి. పారిశ్రామికీకరణకు ముందు నాటితో పోలిస్తే భూ ఉష్ణోగ్రతలు రెండు డిగ్రీల సెల్సియస్‌కి మించి పెరగకుండా చూడాలనేది పారిస్ ఒప్పంద లక్ష్యం. 2030-2052 మధ్య ఉష్ణోగ్రతలు 1.5 డిగ్రీల దాకా పెరగవచ్చని ఐపీసీసీ భూతాప ప్రత్యేక నివేదిక అంచనా. కానీ 2040 నాటికీ ఉష్ణోగ్రతలు 1.5 డిగ్రీలను దాటే ప్రమాదం ఉందని నిర్దిష్ట చర్యలు తీసుకోకపోతే ఈ శతాబ్దంలో ఉష్ణోగ్రతలు రెండు డిగ్రీలు కూడా దాటే అవకాశాలున్నాయని తాజా నివేదికలు స్పష్టం చేస్తున్నాయి.

**వ్యవసాయంపై ప్రతికూల ప్రభావం :**

ఉష్ణోగ్రత 1.5 డిగ్రీల సెంటీగ్రెడ్ దాటితే వేడిగాలులు అధికమవుతాయి. శీతాకాలం తగ్గుతుంది. ఎండాకాలం పెరుగుతుంది. ఇక ఉష్ణోగ్రతలు 2 డిగ్రీల సెంటిగ్రేడ్ దాటితే వేడిగాలులు పరిమితులు మరింతగా మించిపోతాయి. వ్యవసాయంతో పాటు జీవుల ఆరోగ్యం ముఖ్యంగా ప్రజారోగ్యంపై తీవ్రమైన ముప్పు ఏర్పడుతుంది. ఎడారీకరణ, హరిత గృహ వాయువులు, రసాయన ఎరువులు, పురుగుమందుల ప్రభావంతో వ్యవసాయ రంగం దెబ్బతింటుంది. నేలకోత అధికమై భూములు నిస్సారమౌతాయి. దిగుబడులు తగ్గుతాయి. తెగుళ్ల బెడద అధికమై కొత్త వైరస్‌లు, వ్యాధులు పుట్టుకొస్తాయి. దీని ప్రభావం దక్షిణాసియా దేశాల్లో ముఖ్యంగా భారత్‌లో అధికంగా ఉంటుంది కారణం 7500 కి.మీ. పైబడిన సముద్రతీర ప్రాంతం భారత్‌కుంది. సముద్రమట్టాలు పెరిగితే తీరనగరాలు ముంపుకు గురై కోట్లాదిమంది ప్రభావితులౌతారు. తాజా యున్‌ఇపి ఉద్గారాల గ్యాప్ నివేదిక నవీకరించబడిన

జాతీయంగా నిర్ణయించబడిన సహకారాలు 2030 అంచనా వేసిన ఉద్గారాలను 7.5 మాత్రమే తీసుకుంటాయని, కాని 1.5 డిగ్రీ సెంటీగ్రేట్ పారిస్ లక్ష్యాన్ని చేరుకోవడానికి 55% అవసరమని తేల్చింది.

కాప్ 26 లక్ష్యాలు:

- భూతాపం సగటున 1.5 డిగ్రీలకు మించి పెరగకుండా చూసుకోవడానికి తీసుకోవాల్సిన చర్యలపై చర్చించడం.
- బొగ్గు ఆధారిత విద్యుత్ కేంద్రాలను క్రమేపీ మూసివేయడం, పునరుత్పాదక ఇంధనాలపై పెట్టుబడులు పెంచడం.
- పేద అభివృద్ధి చెందుతున్న దేశాలు బొగ్గు వినియోగాన్ని వీడి, సంప్రదాయేతర ఇంధన వనరులకు మళ్లడం ద్వారా పర్యావరణ లక్ష్యాల సాధనకు అవసరమైన నిధులు 100 బిలియన్ డాలర్ల మేర సేకరించే మార్గాలపై చర్చ.
- 2015 పారిస్ ఒప్పందం అమలుకు సంబంధించి విధివిధానాల ఖరారు చేయడం.

కాప్ 26 విశ్వసదస్సులో జరిగిన చర్చలు - వాగ్దానాలు :

దాదాపు 200 దేశాలకు చెందిన పాతిక వేల మంది ప్రతినిధులు చేసిన చర్చలు, దేశాధినేతల ప్రసంగాల్లో అనేక అంశాలు కాప్ 26 విశ్వసదస్సులో ప్రస్తావనకు వచ్చాయి.

- గడిచిన 30 సంవత్సరాలలో ప్రపంచవ్యాప్తంగా దాదాపు వందకోట్ల ఎకరాల్లో అడవులు అదృశ్యమయ్యాయి. అటవీ విధ్వంసాన్ని 2030 నాటికి పూర్తిగా నివారించాలని వందకు పైగా దేశాలు పునరుద్ఘాటించాయి.
- కాలుష్య కారకమైన బొగ్గు వినియోగాన్ని నియంత్రించడంలో గత కొన్ని సంవత్సరాలుగా సమిష్టితత్వం కొరవడింది. కానీ అగ్రరాజ్యాలైన అమెరికా, చైనాలు భూఉష్ణోగ్రతల ఊర్ధ్వగమనాన్ని నిలువరించే కార్యాచరణ చేస్తామని అన్నాయి.
- వినాశకర మీథేన్ వాయు ఉద్గారాలను 2030 నాటికల్లా 30 శాతం తగ్గించడానికి దాదాపు వందదేశాలు అంగీకరించాయి.

- కర్బన్ ఉద్గార తటస్థత (నెట్‌జీరో) సాధనా లక్ష్యాల నిర్దేశంలో వర్ధమాన దేశాల పట్ల సంపన్న రాజ్యాలు దుర్విచక్షణ కనబరుస్తున్నాయని, ఇది "కర్బన వలస వాదంగా" 23 దేశాలు అభివర్ణించాయి.
- ప్రపంచానికి పొగపెడుతున్న శిలాజ ఇంధనాల వినియోగాన్ని తగ్గించేందుకు భారత్ అంతర్జాతీయ సౌరశక్తి కూటమి రూపకల్పన చేయగా అందులో 101వ సభ్యదేశంగా అమెరికా భాగస్వామి అయ్యింది.
- పోనుపోను రుజాగ్రస్త మౌతున్న ధరిత్రిని రక్షించుకోవడంలో సమిష్టి కార్యాచరణ అవసరం. వ్యవసాయం, ప్రజారోగ్యం, పట్టణాభివృద్ధి ప్రణాళికలు లాంటి రంగాలపై పెనుప్రభావం చూపే భూతాపాన్ని కట్టడి చేసేందుకు ప్యారిస్ ఒప్పందాన్ని అమలుకు అన్ని దేశాలు చిత్తశుద్ధితో వ్యవహరించాలి. బలమైన రాజకీయ సంకల్పం సమర్థ సమన్వయంతో దేశాధినేతలు ముందడుగు వేయాలి. పారిస్ ఒప్పందం నుండి తాము వైదొలగడం తప్పిదమే అని అమెరికా అధ్యక్షుడు జోబైడన్ అనడం కొసమెరుపు.

2070 కల్లా కార్బన్ ఉద్గారాల రహిత దేశంగా భారత్ :

భారత్ 2070 సంవత్సరానికల్లా కర్బన ఉద్గారాల రహిత దేశంగా మారుతుంది. అందుకోసం భారత్ 2030 వరకు సాధించాల్సిన లక్ష్యాలను నిర్దేశించుకున్నట్లు ఆ లక్ష్యాలను చేరుకునేందుకు సమగ్ర కార్యాచరణ కోసం నాలుగు ప్రధాన అంశాలను నిర్దేశించుకున్నట్లు భారత్ తరుపున ప్రధాని శ్రీ నరేంద్ర మోడి కాప్ 26 సదస్సులో తెలిపారు.

శిలాజేతర విద్యుత్ ఉత్పత్తి సామర్థ్యాన్ని 500 గిగావాట్లకు పెంచడం, మొత్తం విద్యుత్ వినియోగంలో పునరుత్పాదక విద్యుత్ వాటాను 50 శాతానికి పెంచడం, కార్బన్ ఉద్గారాల విడుదలను 100 కోట్ల టన్నుల మేర తగ్గించడం, కర్బన తీవ్రతను 45% దాకా తగ్గించడం. ఈ చర్యల వల్ల 2070 కల్లా కర్బన ఉద్గారాల విషయంలో భారత్‌ను నెట్‌జీరో స్థాయికి తీసుకువచ్చే కార్యాచరణ చేయనున్నట్లు భారత్ తెలిపింది. భారత ప్రధాని శ్రీ నరేంద్రమోడి మాట్లాడుతూ వాతావరణ మార్పుల నియంత్రణకు కర్బన ఉద్గారాల తీవ్రతను తగ్గించడంపైనే ప్రపంచదేశాలు దృష్టి పెడుతున్నాయి.

ఇది తాత్కాలిక ఉపశమనమేనని కర్బన ఉద్గారాల విడుదల నియంత్రణకు శాశ్వత పరిష్కార పద్ధతులు అందిపుచ్చుకోవాలి. భారత్‌లో ఈ పరిస్థితి దూరం చేసేందుకు ఇంటింటికీ రక్షిత మంచినీరు అందించేందుకు చర్యలు తీసుకోవడం, భారత్ ప్రజానీకానికి వాతావరణ మార్పులపై అవగాహన కల్పించడం, వాతావరణ మార్పుల నియంత్రణ ఆవశ్యకతను స్కూల్ సెలబస్‌లో చేర్చడం, జీవనశైలి పరిరక్షణకు చర్యలు తీసుకోవడం, ప్రత్యామ్నాయ ఇంధన వనరుల వినియోగాన్ని పెంచడం లాంటి చర్యల ద్వారా పారిస్ ఒప్పందం అమలుకు కృషి చేస్తున్నట్లు భారత్ పునరుద్ఘాటించింది.

**ముగింపు :**

రాబోయే రోజుల్లో వాతావరణ మార్పుల తీవ్రత అధికమయితే దీని వల్ల అన్ని రంగాలు ప్రభావితమౌతాయి. ప్రత్యక్షంగా, పరోక్షంగా ప్రతి ఒక్కరూ బాధితులవుతారు. అందుకే ప్రపంచదేశాలు ఏకమై పటిష్ట చర్యలు చేపట్టాలి. శిలాజ ఇంధనాల్లో సింహభాగాన్ని వినియోగిస్తున్న చైనా, అమెరికా, రష్యా, ఆస్ట్రేలియా, యూకే, బ్రెజిల్, కెనడా, జర్మనీ, భారత్, ఇండోనేషియా, సౌదీ అరేబియా తదితర దేశాలు పునరుత్పాదక వనరులపై దృష్టి సారించాలి. హరిత గృహ వాయువులను కట్టడి చేసి, పర్యావరణ హితకర పారిశ్రామిక వ్యవసాయ విధానాలను అనుసరిస్తూ సహజ సంపదను అవసరాల మేరకు సమతుల్యంగా వినియోగించుకోవాల్సిన అవసరం ఉంది. అదే ధరిత్రికి రక్షణ.

-0-0-

## సుజలాం - సుఫలాం

ఆకాశగంగను మోసుకుని తిరిగేటి
నిండు గర్భిణిలాంటి కారుమబ్బులు
ఎండ వేడిమికి నెర్రెలు వాసిన నేలపైకి
వర్షపు నీటిని ప్రేమగా చిలకరించును

జలమే జీవము జలమే జవము
జలమే సకలప్రాణుల పుట్టుకకు మూలము
నాగరికతకేనాడు పురుడు పోసిన నదులు
ఆధునికతతో నేడు అంతర్ధానమయ్యే దిగులు

అమృతప్రాయపు స్వచ్ఛమైన నీరు
అవనిని చేరగానే కలుషితమై తీరు
పరిశ్రమ వ్యర్థాలు జలాశయాలను చేరు
మురికి కాలువలు కలిసి మూసీతీరుగ మారు

సుజలాంతోనే సుఫలాం వస్తుంది
కలుషితమైతే నీరు హాలాహలం ఔతుంది
కన్నతల్లిలాంటి మంచినీటి వనరులని
కాపాడుకుంటేనే భువిపై జీవం నిలుస్తుంది

కురిసిన ప్రతి నీటిచుక్కను ఒడిసి పడదాం
భూమితల్లి చల్లని ఒడిలో దాచిపెడదాం
భూగర్భ జలాలను ఇతోధికంగా పెంచుదాం
భవిష్యత్తు తరాలకు బహుమతిగా అందిద్దాం

తంగెళ్ళపల్లి ఆనందాచారి
స్కూల్ అసిస్టెంట్ (ఆంగ్లము)
హన్మకొండ
సెల్: 984868377
వెల్‌విషర్ టీచర్స్ బృంద సభ్యుడు

(మిత్రులు శ్రీ కె.బి. ధర్మప్రకాశ్ గారి “సుజలాం.. సుఫలాం...” నీటి సంకలనం వ్యాస సంపుటి స్ఫూర్తితో...)

## ఈ పుస్తకం గురించి...

సుజలాం-సుఫలాం పేరుతో సమకాలీన నీటి సమస్యలు-సవాళ్ళ అవలోకనం అనే అంశాలను తీసుకొని ఒక పుస్తకాన్ని వ్రాసిన రచయిత శ్రీ కె.బి. ధర్మప్రకాశ్ గారు అభినందనీయులు. ఈ పుస్తకంలో రచయిత నీళ్ళ గూర్చి అనేక అంశాలను ప్రస్తావించారు. సృష్టిలోని జీవరాశులన్నింటికి ప్రాణాధారము నీళ్ళు. అసలు నీళ్ళు లేకుంటే ఈ భూగోళంపై జీవం ఉద్భవించేది కాదు. మనుషులకు, జంతువులకు, చెట్లకు, వ్యవసాయానికి, పరిశ్రమలకు ఇలా ప్రతి పనిలోను నీళ్ళు కావాలి. ఏ దేశంలో నీళ్ళు సమృద్ధిగా ఉంటాయో ఆ దేశం అభివృద్ధి పథంలో ఉంటుంది. ఈ భూపటలం పై 70 శాతం నీళ్ళు ఉన్నప్పటికిని, నీటి కొరత విపరీతంగా ఉండటానికి కారణము 97 శాతం నీళ్ళు సముద్రాలలో యుండడమే. అనగా 97 శాతం నీళ్ళు ప్రజల అవసరాలను తీర్చేవి కావు. కేవలం 3 శాతం నీళ్ళతో మన అవసరాలన్ని తీరాలి. ఒక వైపు మన నీటి అవసరాలు పెరుగుతున్నది. ఇంకొకవైపు నీళ్ళ కొరత పెరుగుతుంది. భూగర్భజలాలు కూడా తగ్గిపోతున్నది. ఈ విషయాన్ని గ్రహించి మనమంతా భూగర్భ జలాల నిల్వలపై ప్రత్యేక శ్రద్ధ పెట్టాలని రచయిత పేర్కొన్నారు. లేనియెడల రాబోయే రోజులలో ఇంక నీళ్ళ సమస్యలు విపరీతంగా పెరుగుతాయి. ఇంకొక వైపు ఇసుక నిల్వలు తగ్గడం వల్ల, దీని ప్రభావం కూడ భూగర్భ జలాలపై పడుతుంది. నీటి సంరక్షణ మన ప్రస్తుత కర్తవ్యమని రచయిత తెలిపాడు. అలాగే పరిశ్రమల ద్వారా ఉన్న భూగర్భ జలాలతో పాటు, చెరువులు, నదుల నీళ్ళు కూడ కాలుష్యం అవుతున్నది. ఈ కాలుష్య నీరు ప్రమాదకరము. వ్యవసాయానికి, పరిశ్రమలకు వేటికి పనికి రావు. అందుకొరకు పరిశ్రమల ద్వారా నీళ్ళు కాలుష్యం జరుగకుండా అధికారులు చర్యలు తీసుకోవాలి. నీటి సంక్షోభాన్ని ధీటుగా ఎదుర్కోకపోతే భవిష్యత్‌లో అనేక ఇబ్బందులు వస్తాయని రచయిత చక్కగా తెలిపాడు. ఇలాంటి నీటికొరత వల్ల రాష్ట్రాల మధ్య దేశాల మధ్య అనేక సమస్యలు వస్తున్నాయి. వీటిని అధిగమించాలంటే నీళ్ళ వినియోగంపై ప్రజలకు, పాలకులకు చక్కని శాస్త్రీయ అవగాహన యుండాలి. ఈ విధంగా ... గూర్చి అనేక విషయాలను ఈ పుస్తకంలో ప్రచురించబడినాయి. ఇలాంటి పుస్తకాలను చదివి నీళ్ళ వినియోగంపై అవగాహన కల్పించుకొని జాగ్రత్తగా వ్యవహరించాలి. అందుకోసం ఈ పుస్తకం చక్కగా ఉపయోగపడుతుందని భావిస్తున్నాను. ఇలాంటి సమయంలో నీళ్ళపై అవగాహన కల్పించేటట్లు ఈ పుస్తకాన్ని తీసుకొచ్చిన రచయిత శ్రీ కె.బి. ధర్మప్రకాశ్ గారిని అభినందిస్తున్నాను.

**ప్రొ॥ కొత్త లక్ష్మారెడ్డి**
రసాయనశాస్త్ర ఆచార్యుడు, **NIT** వరంగల్.

## సామాజిక వనరు - నీరు

భూగోళాన్ని విశిష్టంగా నిలిపిన అమూల్యమైన సహజ వనరు నీరు. అన్ని సహజ వనరుల్లాగే అందరికీ చెందవలసిన నీరు అన్ని రకాల జీవులకూ ప్రాణాధారం. ఇంతటి ప్రాముఖ్యం ఉన్న నీరు నేడొక వ్యాపార సరుకుగా మారింది. ప్రపంచంలో అత్యంత లాభసాటి వ్యాపారం నీరేనని ప్రపంచ బ్యాంకు తేల్చి చెప్పింది. అందరిదీ అయిన సామాజిక వనరు.. ను వ్యాపార వనరుగా మార్చివేసింది మార్కెట్ స్వామ్యం. నదులకు నదుల్నే అమ్మివేయటం చూశాము. ప్రతి మనిషికీ రక్షిత మంచినీరు అందాలనే మానవహక్కును పౌరహక్కుగా గుర్తించింది అంతర్జాతీయ సమాజం. ఈ పరిస్థితుల్లో నీటి వినియోగంలో ప్రపంచం ఎదుర్కొంటున్న సమస్యలను, నీటి కాలుష్యం, నీటి ఎద్దడి వంటి అనేకానేక సమస్యలను రచయిత శ్రీ ధర్మప్రకాష్ 'సుజలాం.. సుఫలాం' పుస్తకంలో చర్చించారు. ఎంతో విలువైన సమాచారాన్ని అందించారు. ప్రపంచంలో ఇప్పటికే నీటి ఎద్దడి బారిన పడిన నగరాలు, నగరీకరణ, పట్టణీకరణ ప్రభావాలు నీటి వనరులనెలా దెబ్బతీస్తున్నాయో వివరించారు. మన దేశపు ప్రధాన నగరాలు సైతం నీటి ఎద్దడి ప్రమాదపుటంచుల్లో ఉన్న విషయాన్ని, అందులో మన హైద్రాబాద్ కూడ ఉన్న వాస్తవాన్ని తెలియజేయటం గమనార్హం. జలవనరుల సంరక్షణ ఆవశ్యకతను చాలా బాగా వివరించారు.

భారీ ప్రాజెక్టుల నిర్మాణం ఆయా ఆవరణ వ్యవస్థలకు కలిగిస్తున్న హాని నుండి ప్రమాదకర స్థాయిలో ఆయా ఆవరణ వ్యవస్థలకు కలిగిస్తున్న హాని నుండి ప్రమాదకర స్థాయిలో జరుగుతున్న ఇసుక తవ్వకాల వరకు అన్ని విషయాలను ఈ పుస్తకం మన ముందుంచింది. జలవనరుల కాలుష్యం, ప్రజారోగ్యంపై అది చూపే దుష్ప్రభావాలు ప్రజల అవగాహనను పెంపొందిస్తుందనటంలో సందేహం లేదు. విచ్చలవిడి జలవినియోగం, అశాస్త్రీయంగా భూగర్భజలాలను తోడివేయటం ఎంత ప్రమాదకరమో చర్చించారు. వాతావరణ మార్పు.. వరదలు, ఫోరోసిస్ ఇలా అనేక అంశాలను రచయిత ఈ పుస్తకంలో అందుబాటులో ఉన్న సమాచారాన్ని అందిస్తూ విశదంగా చర్చించారు. ఈ పుస్తకం ద్వారా జలవనరుల వినియోగం, ముఖ్యంగా భూగర్భజల వినియోగం శాస్త్రీయంగా జరగాలని అందుకు పర్యావరణం, సహజ వనరుల పట్ల మనకు సమగ్ర అవగాహన, శాస్త్రీయ దృక్పథం ఉండాలనే రచయిత ఉద్దేశం సఫలం అయిందని నేను భావిస్తున్నాను. శ్రీ కె.బి. ధర్మప్రకాశ్ చేసిన కృషి అభినందనీయం. సామాన్య పాఠకుడి నుండి పర్యావరణ ప్రేమికులు, సైన్సు ఉద్యమ కార్యకర్తల వరకు అందరినీ ఈ పుస్తకం నీటి సమస్యలపై అవగాహన కలిగిస్తుందని నా భావన. విజ్ఞాన అభినందనలతో...

- ప్రొ॥ కట్టా సత్యప్రసాద్, విశ్రాంత వృక్షశాస్త్ర ఆచార్యులు.

శ్రీ కె.బి. ధర్మప్రకాశ్ గారు సైన్స్‌పై జిజ్ఞాసతో సమాజానికి పర్యావరణ అవగాహన కలగాలనే ఆశయంతో గతంలో కూడా ఎన్నో రచనలు చేశారు. అదే క్రమంలో ఈ "సుజలాం.. సుఫలాం" అనే నీటి సంబంధ సమస్యల పరిష్కారాల అవలోకనం సంకలనాన్ని చక్కటి అంశాలతో అందరికి అర్థమయ్యే రీతిలో రచించారు. నీరు మంచిదైతేనే ఫలాలు మంచివి అవుతాయనే శీర్షికన పలు నీటికి సంబంధించిన అంశాలను శాస్త్రీయంగా, గణాంకాలతో విపులీకరించారు. మన ఆరోగ్యానికి పంటల ఆరోగ్యానికి ప్రమాణాలతో కూడిన నీరు మాత్రమే ఉత్తమ ఫలితాలు ఇస్తుంది కాబట్టి ఈ సంకలనం పర్యావరణ వేత్తలకు, పర్యావరణ సంస్థలకు, విద్యాసంస్థలకు, కార్యశాలల నిర్వాహణకు ఎంతగానో ఉపయోగపడుతుంది. పర్యావరణ స్పృహను ప్రతి ఒక్కరికి అందచేయాలనేదే రచయిత దృఢ సంకల్పం. వారి కృషి ఈ దిశన సఫలీకృతమౌతుందని ఆశిస్తూ... విజ్ఞానాభివందనాలు

- కాజీపేట పురుషోత్తం

విశ్రాంత అటవీశాఖాధికారి.

## జలం - జీవం - జీవనం

జీవుల మనుగడ పంచభూతాలపై ఆధారపడి ఉంది. పంచ భూతాలలో ఒకటి నీరు. జీవం పుట్టుక జరిగిందే జలంలో. జలం లేని కారణంగానే ఇతర గ్రహాలలో జీవుల జాడలేదు. ఏకకణ జీవితో మొదలై లక్షలాది, కోట్లాది రకాల జీవుల ఆవిర్భావంతో కీలక భూమిక నీటిదే. నీటికున్నన్ని ప్రత్యేకతలు మరే ద్రవానికి లేవు. నీరు సామాజిక ఆస్తి. అది జీవుల ఆస్తి. ప్రతీజీవికి ఉచితంగా, పరిశుభ్రంగా, ఆరోగ్యకరంగా లభించాల్సిన నీరు క్రమక్రమంగా వ్యాపార వస్తువుగా మారుతున్నది. ఇప్పటికే నీటి గురించి ఆందోళనలు ప్రారంభమైనాయి. మునుముందు నీటికొరకు యుద్ధాలు చూస్తాము. అందరికి ఉచితంగా అందుబాటులో ఉండాల్సిన నీరు ఎందుకు కలుషితమౌతున్నదో? ఎందుకు అంగడి సరుకుగా

మారిందో? భూగర్భజలాలు ఎందుకు అడుగంటుతున్నాయో? నీటి నిర్వహణలో, సంరక్షణలో ఎందుకు విఫలమౌతున్నాయో, ప్రజలు - ప్రభుత్వాల ముందున్న కర్తవ్యమేంటో లాంటి అనేక విషయాల గురించి అత్యంత సమగ్రంగా వివరిస్తూ 'సులజా.. సుఫలాం..'' పేరిట ఓ మంచి విజ్ఞానవంతమైన పుస్తకాన్ని హృదయపూర్వక అభినందనలు. నీటి చుట్టూ జరుగుచున్న అంశాల గురించి వీరు సేకరించిన విలువైన సమాచారం ఎక్కువ మంది పాఠకులకు చేరి ప్రశంసలు అందుకుంటుంది అనుటలో ఎటువంటి అతిశయోక్తిగాని, సందేహము గాని లేదు. విజ్ఞానాభినందనలో...

షేక్ గౌస్ భాష

భౌతిక శాస్త్ర అధ్యాపకులు.

నీరు లేదా జలం (సాంకేతిక నామం $H_2O$) సకల జీవచరాలకు జీవనాధారం. భూమిపై జీవుల మనుగడకు కావలసిన ముఖ్యమైన అవసరాలలో గాలి తరువాత స్థానం నీటిది. నేడు ప్రపంచ దేశాలు ఎదుర్కొంటున్న అతిపెద్ద సమస్యల్లో ఒకటి "కోట్లాది ప్రజలకు శుద్ధమైన త్రాగునీటి సరఫరా". పరిశ్రమలకు, వ్యవసాయానికి నీరు అత్యంత అవసరం. నీటి వనరులు ప్రకృతి ప్రసాదించిన అమూల్యమైన వరం. ప్రప్రథమంగా జీవి ఆవిర్భావం నీటిలోనే జరిగింది.

ప్రకృతిలో వున్న నదీజలాలు, భూగర్భజలాలు నేడు కాలుష్యపు కోరలలో చిక్కుకుని జలసంక్షోభం ఏర్పడి మానవ మనుగడనే ప్రశార్థకం చేస్తున్నాయి. ఈ తరుణంలో నీటి ప్రాముఖ్యత, నీటి కాలుష్యం - కారణాలు, పర్యవసనాలు, జలసంరక్షణ మానవుని పాత్ర, ప్రభుత్వ కార్యాచరణ, వీటన్నిటి గురించి ధర్మప్రకాశ్ సారు ఈ "సుజలం.. సుఫలాం...'' సంకలనంలో చాలా చక్కగా వివరించారు. భూగర్భ జలవినియోగంలో మనందరికీ శాస్త్రీయ దృక్పథం, విచక్షణ ఉండాలి అని గణాంకాలతో విపులంగా వివరించారు. వర్షపు నీరు ప్రకృతి అందించిన వరం.

అలాంటి నీటిని వ్యర్థం కాకుండా ఏ విధంగా ఒడిసిపట్టాలో తెలియచేశారు. జలాశయంలో పూడికతీత అనేది జల సామర్థ్యాన్ని పెంచడానికి ఒక పరిష్కార మార్గం. మనదేశంలో దేశజనాభా అవసరాలను తీర్చడానికి కర్మాగారాలు పెరిగాయి. వీటి వల్ల వెలువడే వ్యర్థాలు ఎన్నో భారలోహాలను కలిగి ఉంటాయి. ఎన్నో నదీపరివాహక ప్రాంతాలు భారలోహాల కాలుష్యంతో వున్నాయి. వీటి వల్ల జీవజాలాన్ని ఎలా రక్షించాలి

అని తన సంకలనంలో వివరంగా పేర్కొన్నారు. ప్రపంచ జీవకోటికి ప్రాణాధారమైన నీటి సంరక్షణ ప్రతి ఒక్కరి మరియు ప్రభుత్వ బాధ్యత. మానవాళిలో మార్పు ఎంతో అవసరం. దానికి జల సంక్షోభం - సంరక్షణపై అవగాహన ఎంతో అవసరం. జలసంరక్షణకు కావలసిన ఎన్నో పరిష్కార మార్గాలు మనకు "సుజలాం.. సుఫలాం..." ద్వారా అందచేశారు. నదుల అనుసంధానం ద్వారానే సుస్థిరాభివృద్ధి సాధించవచ్చు. జలకాలుష్యం వలన వివిధ జలచరాలు ప్రమాదటంచుల్లో వున్నాయి. వాటిని ఆహారంగా తీసుకోవడం వాళ్ళ ప్రజారోగ్యానికి ముప్పు ఉందని, ఈ తరుణంలో నీటి కాలుష్య నివారణలో భాగంగా అగ్రోఫారెస్ట్రీ గురించి, వరదల నియంత్రణ గురించి, డ్యామ్ల గురించి సమీక్ష ఎంతో గొప్పగా విశ్లేషించారు. BIS ప్రకారం శుద్ధ త్రాగునీరులో ఉండాల్సిన వివిధ మూలకాల మోతాదుల గణాంకాలు ఈ సంకలనంలో తెలియచేయబడ్డాయి.

నీటి సంరక్షణంపై వివిధ ప్రాంతాల్లో చేపట్టిన వినూత్న పద్ధతులు మరియు వారి విజయగాథలను పుస్తకరూపంలో మనముందుకు తీసుకువచ్చిన ధర్మప్రకాశ్ సార్ ప్రయత్నం హర్షణీయం. మానవ కార్యకలాపాలు ఇలాగే కొనసాగితే రాబోయే రోజుల్లో మనం ఎదుర్కోబోయే నీటి కొరత తీవ్రతను కళ్ళకు కట్టినట్లు ఈ "సుజలం... సుఫలాం..' పుస్తకం ద్వారా మనకు తెలియచేసి, మన బాధ్యతను ప్రభుత్వ కర్తవ్యాన్ని తెలియజెప్పిన ధర్మప్రకాశ్ గారికి ధన్యవాదాలు.

- డా॥ ముచ్చర్ల రాఘుసుధ,
రసాయనశాస్త్ర ఆచార్యులు,
నిట్ వరంగల్.

## పర్యావరణ పరిరక్షణ మనందరి సమిష్టి భాధ్యత

పరిరక్షణ అనేది పర్యావరణాన్ని లేదా దాని సహజ వనరులను సంరక్షించడం లేదా తెలివిగా ఉపయోగించడం, భవిష్యత్ ఉపయోగాల కోసం నీటిని సంరక్షించడమెలా అనే విషయాన మా మిత్రుడు కె.బి. ధర్మప్రకాశ్ "సుజలాం.. సుఫలాం...' పేర ప్రజోపయోగ అంశాలతో సంకలనాన్ని తీసుకురావడం అభినందనీయం. 40 కుటుంబాలతో కూడిన 'ఇగ్నైటెడ్ మైండ్స్' సంస్థ ప్రారంభకుల్లో ఒకరైన ధర్మప్రకాశ్ పర్యావరణ రంగంలో ఎన్నో విషయాలను సామాన్యులకు అర్థమయ్యే రీతిలో రచనలు చేయడం మా 'ఇగ్నైటెడ్ మైండ్స్' సభ్యులతో సదా తన

ఆలోచనలతో, ఆచరణలతో మాతో వైజ్ఞానిక దృక్పథాన్ని పెంపొందించే దిశన మమ్మల్ని కర్తవ్యోన్ముఖులను చేస్తుండడం అభినందనీయం. వారి కలం నుండి సమాజానికి ఉపయోగపడే మరెన్నో రచనలు రావాలని మనస్ఫూర్తిగా కోరుకుంటూ... వారి మిత్రబృందంలో మేము సభ్యులమైనందుకు గర్వపడుతూ...

అంకం సంపత్ కుమార్
డా॥ కోలా రవి కుమార్
కాసుల అశోక్
(ఇగ్నైటెడ్ మైండ్స్ సంస్థ తరుపున)

## నీరు లేనిది జీవం లేదు

నీరు జీవులన్నింటికి అత్యవసర పదార్థం. సమస్త జీవజాలం మనుగడకు గాలి తర్వాత నీరు ముఖ్యమైనది. ప్రజలందరికీ త్రాగునీరు సరఫరా చేయడం ఎన్నో ప్రపంచ దేశాలు ఎదుర్కొంటున్న అతిపెద్ద సమస్య. పంటల సాగుకు నీటి పారుదల సౌకర్యాలు అత్యంత అవసరం. ఏ పరిశ్రమ కూడా తగినంత నీటి సరఫరా లేకపోతే స్థాపించడం గాని, నడపడం గాని సాధ్యపడదు. ప్రప్రథమ జీవి పుట్టుక నీటిలోనే జరిగింది అనేటువంటి నీటి సంబంధ వ్యాసాలు చాలా సులభశైలిలో మిత్రులు ధర్మప్రకాశ్ "సుజలాం.. సుఫలాం..." పుస్తకంలో వ్రాశారు. వారికి అభినందనలు.

ప్రతి నెల 12వ తారీఖున "శాస్త్ర థింక్ టాంక్" పేర మేము బృంద చర్చలు చేస్తుంటాం. రాజకీయ, ఆర్థిక, సామాజిక, పర్యావరణ, విద్య సంబంధ ఎన్నెన్నో సమకాలీన అంశాలపై చర్చోపచర్చలు చేస్తుంటాం. వీటి ద్వారా లోతైన విశ్లేషణ, అధ్యయనం, విజ్ఞానం పొందుతున్నాం. ఈ బృంద చర్చలలో ధర్మప్రకాశ్ గారు క్రియాశీలకంగా ఉంటుంటారు. వారు సమాజహితం కోసం ఇలాంటి రచనలు మరెన్నో చేయాలని కోరుకుంటున్నాం.

పరికిపండ్ల వేణు
జాతీయ ఉత్తమ ఉపాధ్యాయ అవార్డు గ్రహీత
సి.హెచ్. నాగరాజం
వేణుగోపాల్
(శాస్త్రమిత్ర బృందం తరుపున)

WALK FOR
WATER
WATER IS OUR RELIGION

# నీటి ప్రతిజ్ఞ

"నేను నీటిని సంరక్షిస్తానని, పొదుపుగా వినియోగిస్తానని ప్రమాణం చేస్తున్నాను. నీటి వినియోగంలో ఔచిత్యాన్ని ప్రదర్శిస్తు, ఒక్క బొట్టు కూడా వృథా చేయనని ప్రతిజ్ఞ చేస్తున్నాను. జలనిధిని అత్యంత విలువైన పెన్నిధిగా భావించి, తదనుగుణంగా వినియోగిస్తానని ప్రతిజ్ఞ చేస్తున్నాను. విజ్ఞత పాటిస్తూ తెలివిగా నీటిని వినియోగించుకోవడం, నీరు వృథా కాకుండా చూడటంలో నా కుటుంబ సభ్యులు, స్నేహితులు మరియు ఇరుగుపొరుగు వారిలో చైతన్యం తెస్తానని ప్రతిజ్ఞ చేస్తున్నాను. ఈ భూమి మనదే, దానిని సంరక్షించుకొనే బాధ్యత మనదే."

# రచయిత వ్రాసిన మరిన్ని పుస్తకాలు

మూల్యం: Rs. 199

మూల్యం: Rs. 199

మూల్యం: Rs. 199

# ప్రతులకు :

కె. సుచిత్ / కె. స్ఫూర్తి

మల్లికాసాంబ సదన్

ఇసెం. 2-9-750

టీఎన్జీవోస్ కాలనీ, ఫేజ్ - 2,

పోస్టు: వడ్డేపల్లి, జిల్లా: హన్మకొండ

తెలంగాణ - 506370

సెల్: 9989732423 / 9494788668

**DTP by**

**Margam Srinivasulu,**

**Cell: 9666339074**

www.ingramcontent.com/pod-product-compliance
Lightning Source LLC
Chambersburg PA
CBHW021416210526
45463CB00001B/403
*9781685639990*